职业教育“十四五”新形态教材建设项目
重庆市高等教育学会高等教育科学研究课题项目教材（项目编号 CQGJ19B196）

C 语言程序设计项目式教程

（含实训与试题）

主　编 ◎ 陈燕熙　田　楠　黄晓艳
副主编 ◎ 何婷婷　王　维
陈树林　汤　东

新形态一体化教材　活页式　习题及答案解析　课件

西南交通大学出版社
·成　都·

图书在版编目（CIP）数据

C 语言程序设计项目式教程：含实训与试题 / 陈燕熙，田楠，黄晓艳主编. —成都：西南交通大学出版社，2021.8
ISBN 978-7-5643-8162-2

Ⅰ. ①C… Ⅱ. ①陈… ②田… ③黄… Ⅲ. ①C 语言－程序设计－高等职业教育－教材 Ⅳ. ①TP312.8

中国版本图书馆 CIP 数据核字（2021）第 150678 号

C Yuyan Chengxu Sheji Xiangmushi Jiaocheng
(Han Shixun yu Shiti)
C 语言程序设计项目式教程
（含实训与试题）

主　编　陈燕熙　田　楠　黄晓艳

责任编辑 / 李华宇
封面设计 / 曹天擎

西南交通大学出版社出版发行
（四川省成都市金牛区二环路北一段 111 号西南交通大学创新大厦 21 楼　610031）
发行部电话：028-87600564　028-87600533
网址：http：//www.xnjdcbs.com
印刷：四川玖艺呈现印刷有限公司

成品尺寸　185 mm × 260 mm
印张　16.5　　字数　381 千
版次　2021 年 8 月第 1 版　　印次　2021 年 8 月第 1 次

书号　ISBN 978-7-5643-8162-2
定价　48.00 元

课件咨询电话：028-81435775
图书如有印装质量问题　本社负责退换

前　言

PREFACE

“C 语言程序设计”课程作为理工科计算机专业和非计算机专业学生的专业基础课，是覆盖面较大、应用广泛的一门课程，也是许多相关专业课程的前导课程，还是训练学生计算思维的重要课程。这门课程将要学习的 C 语言是非计算机专业学生计算机应用能力水平二级考试的主要语种之一。

本课程的教学目标是学习使用一种典型的程序设计语言——C 语言，建立程序设计的概念，初步掌握程序设计方法和技巧，养成良好的程序设计习惯，在项目式教学中实践软件项目开发的过程，从而具备应用程序设计解决相关专业领域内实际问题的基本能力。“C 语言程序设计”是一门实践性很强的课程，既要掌握较系统的概念和理论，又要结合实际动手编程，还要上机调试运行。通过本课程的学习，学生不但能掌握算法、基本概念，编制相应的程序，并初步掌握软件开发的基本技巧，同时也能为后继课程的学习打下坚实的基础。因此，本课程在培养具有创新能力的应用型人才方面占有不可或缺的地位。

◎ **本书内容**

本书共包含 10 个项目，分别是：

项目 1：程序设计宏观认识，主要知识点包括 C 程序的基本结构、C 程序开发的步骤以及 VC++6.0 开发工具的使用等。

项目 2：程序设计基础知识，主要知识点包括 C 语言的数据类型、常量、变量、表达式、运算符等。

项目 3：顺序结构程序设计，主要知识点包括顺序结构的基本知识、格式化输入函数、格式化输出函数、字符输入函数、字符输出函数等。

项目 4：选择结构程序设计，主要知识点包括 if 选择语句和 switch 语句等。

项目 5：循环结构程序设计，主要知识点包括 while 循环语句、do…while 循环语句、for 循环语句、循环结构控制语句 break 和 continue 等。

项目 6：数据的批量处理，主要知识点包括一维数组、二维数组、字符数组以及字符串处理函数等。

项目 7：模块化程序设计，主要知识点包括函数的基本使用、带参宏定义、函数的递归调用、作用域及存储类型等。

项目 8：利用指针访问数据，主要知识点包括地址与指针、用指针引用一维数组和二维数组、用字符指针引用字符串、返回地址的函数等。

项目 9：用户自定义数据类型，主要知识点包括结构体类型的基本使用、结构体数组与指针变量、结构体与函数、单链表、共用体和枚举类型等。

项目 10：文件操作，主要知识点包括文件的基本知识、文件的打开与关闭、文件的顺序读写、文件的随机读写。

◎ 本书特色

本书通过整合教学内容，重构教学体系，使其具有基础性、实用性和系统性。每个项目的教学内容分为三大模块：项目基础知识讲解、项目考核、项目实训。各项目和实训内容的选取注重实用性、应用性和趣味性。

本书按照理论与实训一体化标准，以项目为导向，以任务为驱动，以经典、实用项目为载体组织教学内容，通过“做”理解 C 语言程序设计规则，掌握语法和编程技术，实现了“教、学、做”合一。

◎ 本书读者

本书可作为各类职业院校和培训机构“C 语言程序设计”课程的教材，也可作为程序设计爱好者自学的参考教材。

◎ 教学资源

本书配套有视频教学资料、课件、课后习题及其答案、项目实训等资源。

编　者

2021 年 5 月

目录

CONTENT

项目 1　程序设计宏观认识…………………………1

任务 1.1　程序宏观框架结构…………………………1

任务 1.2　程序的构成…………………………3

任务 1.3　程序开发过程及运行环境…………………………5

项目考核…………………………22

项目实训…………………………24

项目 2　程序设计基础知识…………………………25

任务 2.1　C 程序基础知识概述…………………………25

任务 2.2　数据类型…………………………27

任务 2.3　常　量…………………………29

任务 2.4　变　量…………………………33

任务 2.5　运算符和表达式…………………………37

任务 2.6　数据类型转换…………………………52

任务 2.7　算法与结构化程序设计…………………………54

项目考核…………………………60

项目实训…………………………62

项目 3　顺序结构程序设计…………………………64

任务 3.1　顺序结构的概述…………………………64

任务 3.2　格式化输出 printf 函数…………………………66

任务 3.3　格式化输入 scanf 函数…………………………72

任务 3.4　字符输入输出函数…………………………77

项目考核…………………………80

项目实训…………………………84

项目 4　选择结构程序设计…………………………86

任务 4.1　if 选择语句…………………………86

任务 4.2　多分支 switch 语句…………………………99

项目考核 ········ 103
项目实训 ········ 105

项目 5　循环结构程序设计 ········ 106

任务 5.1　循环的概述 ········ 106
任务 5.2　while 循环语句 ········ 108
任务 5.3　do-while 循环语句 ········ 111
任务 5.4　for 循环语句 ········ 114
任务 5.5　循环结构控制语句 ········ 119
任务 5.6　循环的嵌套 ········ 122
项目考核 ········ 128
项目实训 ········ 131

项目 6　数据的处理批量 ········ 132

任务 6.1　一维数组 ········ 132
任务 6.2　二维数组 ········ 137
任务 6.3　字符数组定义及初始化 ········ 141
任务 6.4　字符数组的输入与输出 ········ 144
任务 6.5　字符串处理函数 ········ 146
项目考核 ········ 151
项目实训 ········ 154

项目 7　函　数 ········ 155

任务 7.1　函数的概述 ········ 155
任务 7.2　函数的基本使用 ········ 158
任务 7.3　带参宏定义 ········ 167
任务 7.4　函数递归调用 ········ 169
任务 7.5　作用域及存储类型 ········ 173
项目考核 ········ 175
项目实训 ········ 178

项目 8　利用指针访问数据 ········ 179

任务 8.1　地址和指针 ········ 179
任务 8.2　用指针引用一维数组 ········ 184
任务 8.3　用指针引用二维数组 ········ 188
任务 8.4　用字符指针引用字符串 ········ 192
任务 8.5　返回地址的函数 ········ 194

项目考核 …… 197
项目实训 …… 201

项目 9　用户自定义数据类型 …… 202

任务 9.1　结构体类型的基本使用 …… 202
任务 9.2　结构体数组和结构体指针变量 …… 211
任务 9.3　结构体与函数 …… 216
任务 9.4　单链表的建立 …… 219
任务 9.5　共用体类型 …… 222
项目考核 …… 226
项目实训 …… 229

项目 10　文件操作 …… 230

任务 10.1　文件基本知识 …… 230
任务 10.2　文件的打开与关闭 …… 232
任务 10.3　文件的顺序读写 …… 234
任务 10.4　文件的随机读写 …… 239
项目考核 …… 242
项目实训 …… 244

附　录 …… 245

附录 A　关键字 …… 245
附录 B　C 语言运算符优先级和结合性 …… 246
附录 C　ASCII 码 …… 248
附录 D　C 语言常用的库函数 …… 249

参考文献 …… 256

项目 1　程序设计宏观认识

项目导读

计算机语言是计算机和人交流的工具，其必须遵守一定的规则，具有一定的书写格式。C 语言就是一种计算机语言，诞生于 1972 年，是由美国电话电报公司（AT&T）贝尔实验室的 Dennis M. Ritchie 设计。C 语言诞生至今已 40 多年，其发展经历了 ALGOL（1960 年）—CPL（1963 年）—B（1970 年）—C（1972 年）的演变过程。本项目首先介绍了 C 语言的程序宏观框架结构和程序的构成，然后通过几个简单的 C 语言程序实例，让读者了解 C 语言程序宏观框架结构和程序的构成，最后介绍了 C 程序的开发步骤及开发环境，其目的是使读者能够通过编写一个简单的 C 语言程序练习使用开发环境。

学习目标

- 熟悉 C 语言程序宏观框架结构；
- 熟悉 C 语言程序结构及格式特点；
- 熟悉 C 程序的开发步骤；
- 掌握使用 Visual C++ 6.0 编译器开发 C 程序的方法。

任务 1.1　程序宏观框架结构

在现实生活中，人与人之间的交流用的是语言，如汉语、英语、法语等。那么，人与计算机之间交流用的是什么呢？人和计算机交流可以采用对话形式的一问一答方式，也可采用任务方式，即把需要交流的内容集中在一起，一次性完成。前者的专业术语叫解释方式，后者叫编译方式。用 C 语言进行人和计算机交流采用的是编译方式。那么 C 语言程序的宏观框架结构又是怎么样的呢？下面就通过几个简单的实例来认识一下 C 语言程序。

任务 1.1.1　基本的程序框架结构

【例 1-1】请在计算机或一些智能终端设备上打印显示“Hello，World!”的字样信息。

```
#include <stdio.h>                          /*编译预处理指令*/
```

```
void main ( )                               /*主函数的函数头*/
{                                           /*函数体的开始标记*/
    Printf ("Hello，World!\n" ) ;           /*输出要显示的字符串*/
}                                           /*函数的结束标记*/
```

本程序看似很简单，但却包含 C 语言程序的两个最基本的程序框架结构——编译预处理和函数组。

（1）编译预处理部分，本例中的程序段如下：

```
#include <stdio.h>                          /*编译预处理指令*/
```

有关编译预处理的几点说明：

① 编译预处理的第二种书写格式：#include “stdio.h”。

② 程序编译之前的准备工作，以#开头。

③ include 称为文件包含命令，后面尖括号中的内容称为头文件。

④ stdio.h 是 C 语言的系统文件，stdio 是“standard input & output（标准输入输出）”的缩写，“.h”是文件的扩展名。

（2）函数组部分，本例中的程序段如下：

```
void main ()                                /*主函数的函数头*/
{                                           /*函数体的开始标记*/
    printf ("Hello，World!\n");             /*输出要显示的字符串*/
}                                           /*函数的结束标记*/
```

有关函数组的几点说明：

① 每个 C 语言程序都必须有一个 main 函数。

② 一个 C 程序总是从 main 函数开始执行，到 main 函数结束，与 main 函数所处的位置无关。

③ 包括主函数、库函数和用户自定义函数。

④ 函数是构成 C 语言程序的基本单位。

⑤ 函数组中有且仅有一个主函数 main ()。

⑥ 程序的执行以主函数为核心展开。

⑦ 程序语句，用“;”作为语句结束符。

除了主体框架中的“编译预处理”和“函数组”以外，在程序代码中还有注释部分，用以增强程序的可读性，例 1-1 中 /**/ 即为程序语句增加的注释说明。

任务 1.1.2 程序注释

注释部分有以下两种格式：

注释格式：

```
    //              /*单行注释的起始符号*/
    /* */           /*可作为单行或多行注释*/
```

【例 1–2】从键盘输入矩形的长和宽，计算并输出其周长。

分析：

根据题意需要定义三个整型变量：int a, b, c;

周长的计算：c=2* (a+b);

输入/输出函数：scanf 和 printf。

```
/* example1-2 The second C Program*/
#include <stdio.h>                          //包含标准输入输出头文件
void main( )                                //主函数
{   int a，b，c;                            //定义整型变量，长 a、宽 b、周长 c
    printf ("请输入矩形的长和宽:");          //调用输出函数，显示提示语
    scanf("%d%d", &a, &b);                  //数据输入，从键盘输入 a、b 值
    c=2*(a+b);                              //数据计算，将计算的周长赋值给 c
    printf("该矩形周长为: %d.\n", c);        //调用输出函数输出结果
}
```

例 1-2 的程序要比例 1-1 复杂一些，但是程序中的主要框架还是由编译预处理和函数组两个部分组成。程序的开头增加了一条说明语句：/*example1-2 The second C Program*/；编译预处理部分没有变化，只有一条包含标准输入输出头文件 stdio.h 的命令，为主函数中要用到 printf()函数和 scanf()函数时做准备；函数组部分只有一个主函数 main()，主函数通过数据准备、数据输入、数据计算、结果输出等语句完成本题目的要求。初学者都可以参照例 1-2 的程序代码进行程序的编写。

课堂练习

模仿编程，输入正方形的边长，计算其面积。

任务 1.2　程序的构成

一篇格式规范的文章由字、词、句子以及段落逐级构成，C 语言程序也是如此。从微观的角度来看，C 语言程序是由标识符、程序语句、函数等表示形式构成，最终形成完整的 C 语言程序代码。

任务 1.2.1　标识符

在日常生活中，我们每个人都有不同且唯一的身份证号，C 语言与此类似，需要对所处理的数据进行唯一标识。在例 1-1 和例 1-2 的程序代码中，由 void、main、int、printf、scanf、a、b、c 等一系列符号构成了程序中的语句的函数，这些符号统称为标识符。在 C 语言中，有许多东西都需要命名，如变量名、函数名、数组名等，在命名的时候都必须遵守一定的规则，按此规则命名的符号称为标识符。

C 语言的标识符可以分为以下三类：关键字、预定义标识符和用户自定义标识符。

1. 关键字

C 语言规定了一批标识符，它们在程序中都代表着固定的含义，不能另作他用。例如，用来说明变量类型的标识符 int、float、double 以及 if 语句中的 if、else 等都已有专门的用途，它们不能再用作变量名或函数名。注意，所有的关键字都必须小写。C 语言中的关键字请参考附录 A。

总体而言，C 语言中的关键字大致可以分为以下几类：

（1）数据类型说明符，如整型 int、字符型 char 等。

（2）语句定义符，如选择结构中的 if、else，循环结构中的 for、while、do 等。

（3）存储类型关键字，如声明自动变量的 auto、声明静态变量的 static 等。

（4）其他关键字，如声明常量的 const 等。

2. 预定义标识符

这些标识符在 C 语言中也都有特定的含义，如 C 语言提供的库函数的名字（如 include、printf、scanf）和预编译处理命令（如 define）等。

3. 用户自定义标识符

由用户根据需要定义的标识符称为用户标识符。一般用来给变量、函数、数组或文件等命名。注意，用户标识符不允许与关键字同名；建议不使用预定义标识符作为用户标识符，因为会造成二义性。

用户自定义标识符的命名规则：标识符只能由字母、下划线、数字组成，且第一个字符必须是字母或下划线，不能是数字。如 str、_str1、str_2 都是合法的标识符，但 2str、2_str、&123、%lsso、M.Jack、-L2 都是错误的标识符。

在用户自定义标识符使用时还应注意以下几点：

（1）C 语言对大小写字符敏感，标识符要严格区分英文字母大小写，如 score 和 Score 是两个不同的标识符。

（2）标识符不能是 C 语言中的关键字。

（3）应尽量使标识符具备相应的意义，使其可以“见名知义”，从而提高程序的可读性，例如学生名字变量可以命名为 StuName。

（4）理论上，C 语言并不限制标识符的长度，但实际标识符的长度受不同 C 语言编译系统和机器系统的限制。标识符的长度各个系统不同，最好不要超过 8 个字符。例如，某些编译程序中规定标识符前 8 位有效，即当两个标识符前 8 位相同时，被认为是同一个标识符。

任务 1.2.2　程序语句

程序语句是构成函数的基础，根据语句在程序中所起到的作用可分为说明语句和可执行语句，通过这些语句实现对数据的描述和操作。通常每行只写一条语句，每条语句以“;”结束，如果没有写“;”，在程序编译时会出现“missing‘;’”的错误提示。

任务 1.2.3 函　数

函数是构成 C 语言程序的基本单位，而程序语句则是函数的重要组成。函数可分为主函数（如 mian）、库函数（如 printf）和自定义函数。自定义函数的结构形式如下：

```
函数返回值类型　 函数名 (形式参数)　　　　　 //函数首部
{  说明语句;　　　　　　　　　　　　　　　　 //函数体
   执行语句;
}
```

函数的第一行称为函数首部，大括号“{}”括起来的部分称为函数体，函数体由若干语句组成，函数体使用一对大括号“{”和“}”作为定界符。

在使用函数时还应注意以下几点：

（1）C 程序中可以由若干个函数和一个主函数组成。

（2）每一个可执行的 C 程序必须有且只能有一个 main 函数。

（3）C 程序的执行总是从 main 函数开始，执行完 main 函数返回系统。

（4）定义语句应出现在执行语句之前，每条语句后面的分号不可少。多条语句可以写在同一行上，并且一条语句也可以写在多行上。

课堂练习

（1）在 C 语言中，用户标识符的命名规则是什么？

（2）以下选项中不合法的用户标识符是（　）。

_123　　printf　　A $　　Dim　　Main　　void

（3）识别例 1-2 程序中的标识符。

任务 1.3　程序开发过程及运行环境

用 C 语言编写的程序称为源程序，不能直接被计算机识别和执行，需要一种担任翻译工作的程序，即编译程序。通过程序编译把 C 语言程序代码转换为计算机能够处理的二进制目标代码。

任务 1.3.1　C 程序的开发过程

学习 C 语言就是学习 C 语言编程的过程。C 程序的开发从确定任务到得到结果一般要经历以下几个步骤。

1. 编辑程序

用编辑软件将 C 源程序输入计算机，经修改无误后，保存为一个文件。C 源程序文件的后缀为“.c”或“.cpp”。可用于编写 C 源程序的编辑软件有很多，DOS 环境下，可以使用 Turbo C；Windows 环境下，可以使用 WIN TC（Turbo C 的 Windows 版本），也可以使用 C-Free，也可以使用 Visual C++。

2. 编译程序

在 WIN TC 或 C-Free 或 Visual C++下，将后缀为“.c”或“.cpp”的源程序编辑保存之后，通过快捷键或者选择菜单的方式进行编译，编译的过程是把 C 源程序代码转换为计算机可识别的代码。如果在编译过程中发现源程序有语法错误，则系统会显示出错信息，告诉用户源程序有错误，然后用户可以重新修改源程序再进行编译，如此反复直至编译通过为止。编译通过后生成目标程序，在 Visual C++ 6.0 中，目标文件的后缀为.obj，如 file.obj。

3. 连接程序

经过编译得到的目标文件还不能供计算机直接执行。前面已经介绍过，一个程序可能包含若干个源程序文件，而编译是以源程序文件为对象的，一次编译只能得到一个与源程序文件相对应的目标文件，所以我们必须把所有的目标文件连接装配起来，再与函数库相连接，生成一个可供计算机直接执行的文件，称为可执行文件（在 Visual C++ 6.0 中，可执行文件的后缀为.exe，如 file.exe）。

4. 运行程序

只要输入可执行文件的文件名即可运行程序。在 C-Free 或 WIN TC 或 Visual C++下通过快捷键或选择菜单的方式即可运行程序。

任务 1.3.2　程序开发环境

如前所述，当按照 C 语言的要求编写程序后，计算机是不能直接运行它的，必须借助相应的程序或软件对编写的程序进行编译、连接，将其变成可执行程序，才能运行它。“工欲善其事，必先利其器”， 我们到底需要用什么工具进行 C 语言编程呢？C 语言开发环境有很多，如 Linux 操作系统下的 GCC；Windows 操作系统下常用的有 Turbo C 2.0、Turbo C++ 3.0、Dev-C++、C-Free 和 Visual C++ 6.0 等。下面将介绍一款适应性很强的 C 语言开发工具——Visual C++ 6.0。

Visual C++ 6.0 是一个功能强大的可视化软件开发工具，它集合了程序的代码编辑、程序编译、连接、运行和调试等功能。Visual C++ 6.0 也是全国计算机二级考试中指定的编译器。本书中所有程序的编写都是基于 Visual C++ 6.0 开发环境的。下面结合一个实例介绍其用法。

1. 启动 Visual C++ 6.0

安装完成 Visual C++ 6.0 后，执行“开始”菜单中的 Microsoft Visual C++ 6.0 命令，或者双击桌面上的 Visual C++ 6.0 图标，可启动 Visual C++ 6.0 开发环境，得到如图 1-1 所示的操作界面。

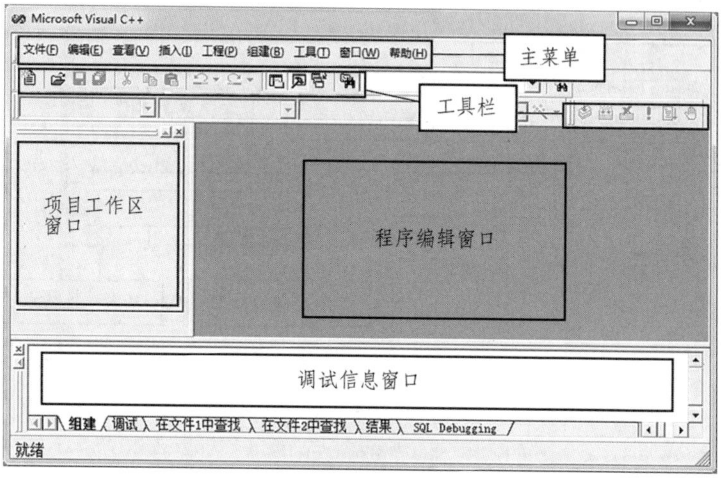

图 1-1　操作界面

如图 1-1 所示，主窗口的顶部为主菜单栏，主菜单栏下面是工具栏，工具栏中包含常用的工具按钮，如编辑程序相关的按钮和调试程序相关的按钮等。主窗口的左侧是项目工作区窗口，用来显示所设定的工作区信息；主窗口的右侧是程序编辑窗口，用来输入和编辑源程序（这时不能输入程序，需要新建文件后方可进行输入）；主窗口的下部是调试信息窗口，用来将编译、连接等结果信息进行显示。

2. 新建一个 C 源程序

（1）在 Visual C++ 6.0 主窗口的主菜单栏中选择“文件”选项，然后在其下拉菜单中单击“新建”按钮，如图 1-2 所示。

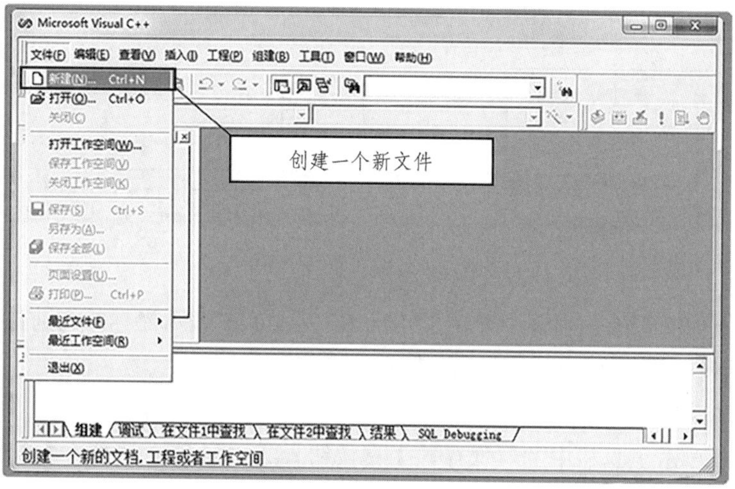

图 1-2　“新建”按钮

（2）此时会弹出“新建”对话框，如图 1-3 所示。选择此对话框左上角的“文件”选项卡，选择其中的“C++ Source File”选项；在右半部分的“文件名（N）”文本框中输入源程序文件的名字，如图中输入为“1-1.c”；“位置（C）”文本框中是源文件的保存地址，可以通过单击右边的 ... 按钮修改源文件存储路径。

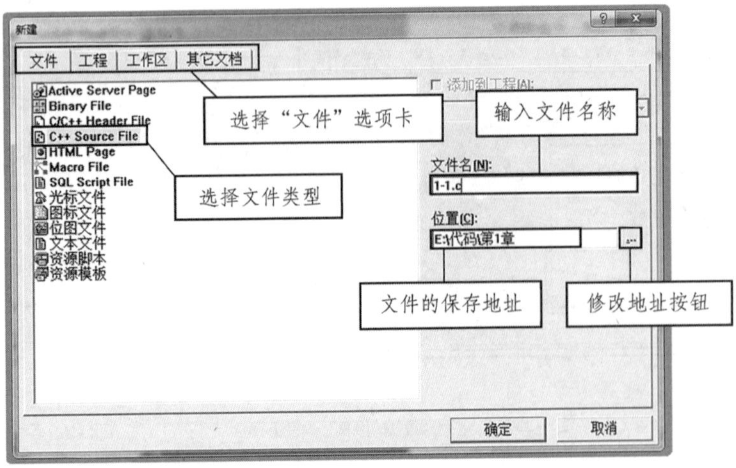

图 1-3 “新建”对话框

（3）单击图 1-3 中的“确定”按钮后，回到 Visual C++ 6.0 主窗口，此时光标在程序编辑窗口闪烁，表示程序编辑窗口已激活，可以编辑源程序了。输入程序代码，如图 1-4 所示。

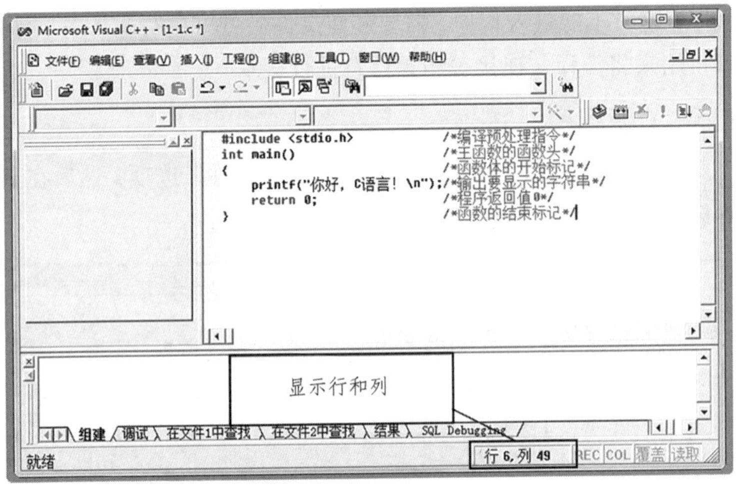

图 1-4 输入程序代码

在图最下面一行的矩形框中显示了“行 6，列 49”，表示光标的当前位置是第 6 行第 49 列。当光标位置改变时，显示的数字也随之改变。

（4）在主菜单栏中选择“文件”选项，在其下拉菜单中选择“保存”菜单项，保存文件。也可以单击工具栏中的“保存”工具按钮 ，或者直接按【Ctrl+S】快捷键来保存文件。

3. 编译程序

（1）在 Visual C++ 6.0 环境中，要编译源程序可单击主菜单栏中的“组建”按钮，在其下拉菜单中选择“编译[1-1.c]”菜单项，如图 1-5 所示。也可以单击工具栏中的“编译”工具按钮 ，或者直接按【Ctrl+F7】快捷键来编译程序文件。

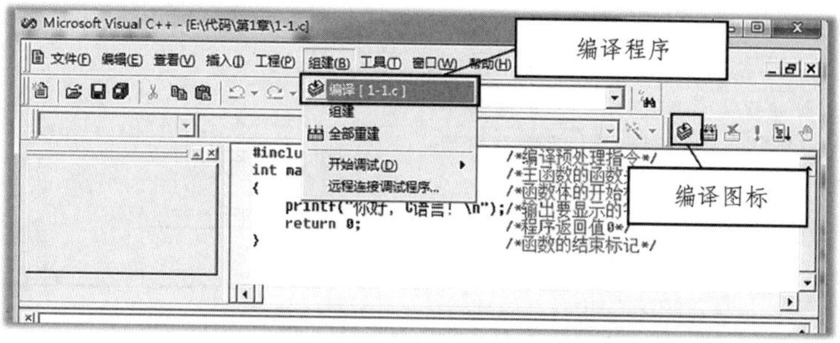

图 1-5　编译

（2）在选择编译命令后，屏幕上出现一个对话框，如图 1-6 所示，该对话框的意思是询问是否同意建立一个默认的项目工作区。单击“是（Y）”按钮，表示同意由系统建立默认的项目工作区，然后开始编译程序。

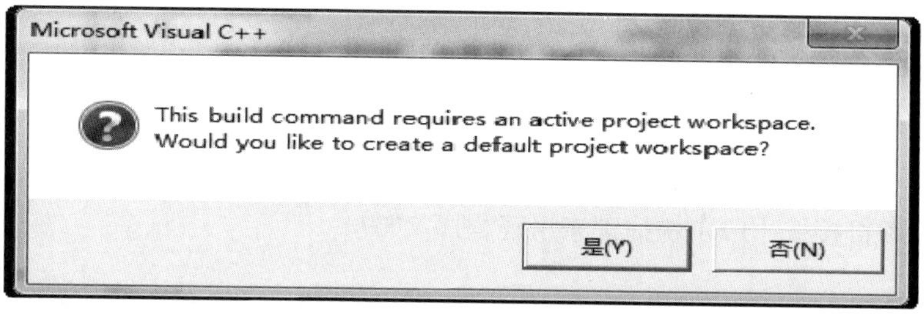

图 1-6　是否同意建立一个默认的项目工作区

（3）编译时，编译系统会详尽检查源程序中有无语法错误，然后在主窗口下部的调试信息窗口输出编译信息，如图 1-7 所示。程序编译结果为“0 error(s), 0 warning(s)”，且产生了一个名为“1-1.obj”的目标文件。

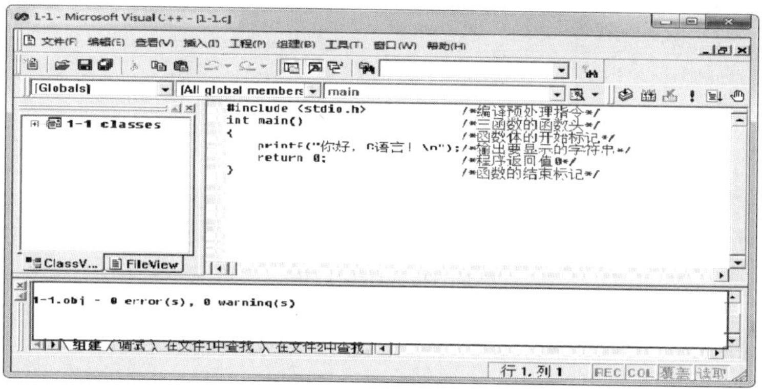

图 1-7　编译信息

（4）如果程序中存在语法错误，则会在调试信息窗口中输出错误提示信息，如图 1-8 所示。编译结果为“1 error (s), 0 warning(s)”，说明有一个错误，双击错误提示语就会有箭头指向对应的有错误的代码行。修改错误再编译，直到没有错误为止。

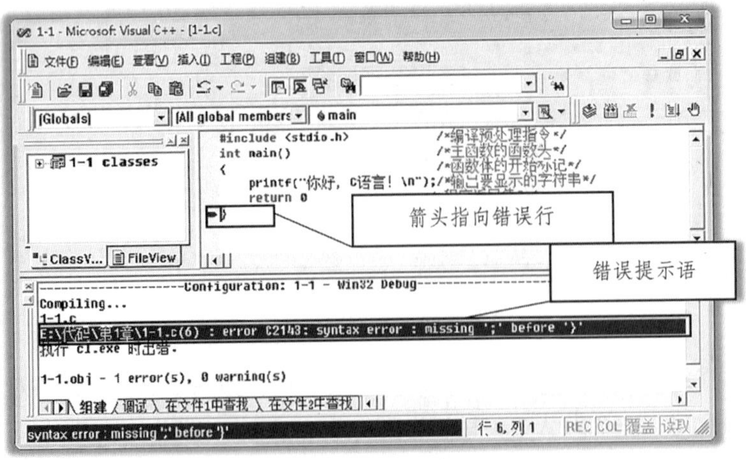

图 1-8　错误提示信息

4. 连接程序

（1）在得到目标程序“1-1.obj”后，还需要进行连接方可生成可执行文件。此时选择“组建”→“组建[1-1.exe]”选项，如图 1-9 所示。也可以单击工具栏中的“组建”工具按钮，或者直接按【F7】快捷键来组建程序文件。

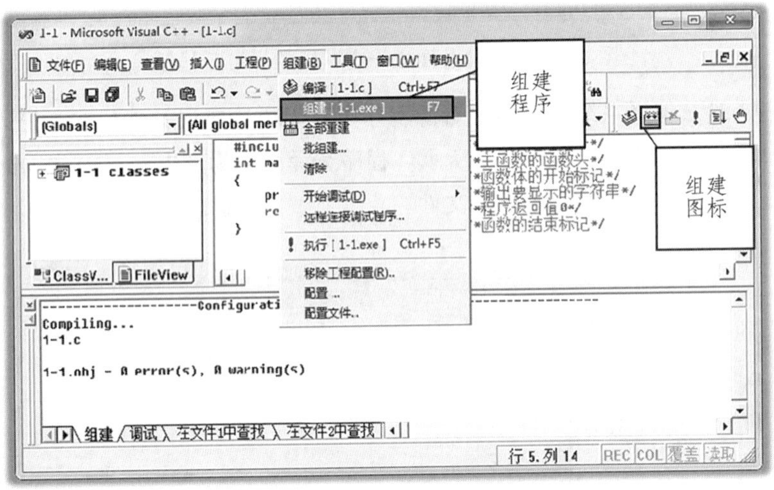

图 1-9　组建程序

（2）组建程序后得到可执行文件。如图 1-10 所示，在主窗口下部的调试信息窗口输出连接信息“1-1.exe - 0 error(s), 0 warning(s)”，意思是生成可执行文件“1-1.exe”，0 个错误和 0 个警告。

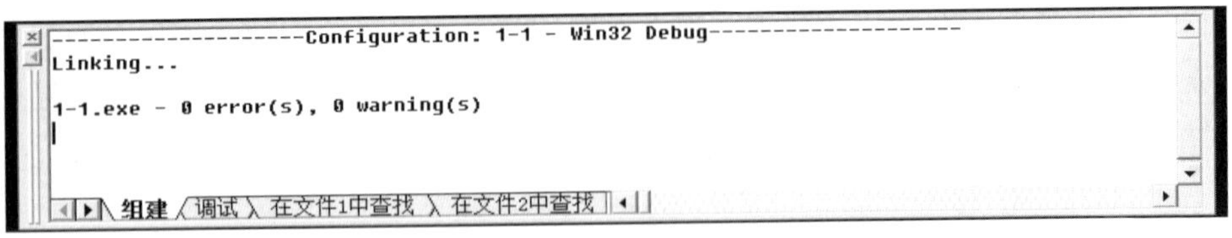

图 1-10　连接信息

5. 运行程序

（1）在得到可执行文件后，就可以直接运行“1-1.exe”了。为此，可选择“组建”→“执行[1-1.exe]”菜单，如图 1-11 所示。也可以单击工具栏中的“运行”工具按钮 ，或者直接按【Ctrl+F5】快捷键来执行程序。

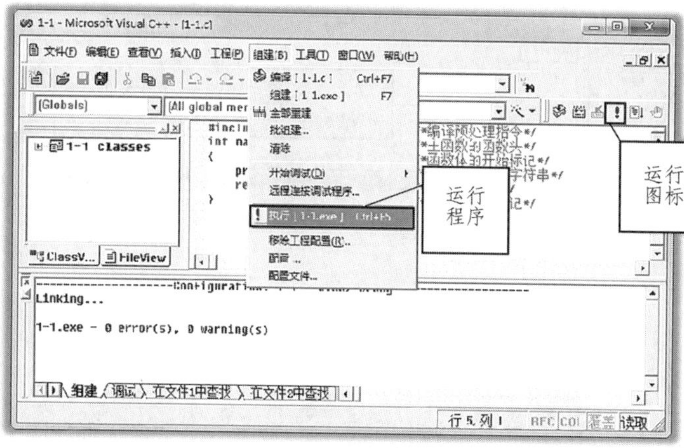

图 1-11　执行

（2）程序运行后，屏幕切换到输出结果窗口，显示运行结果，如图 1-12 所示。

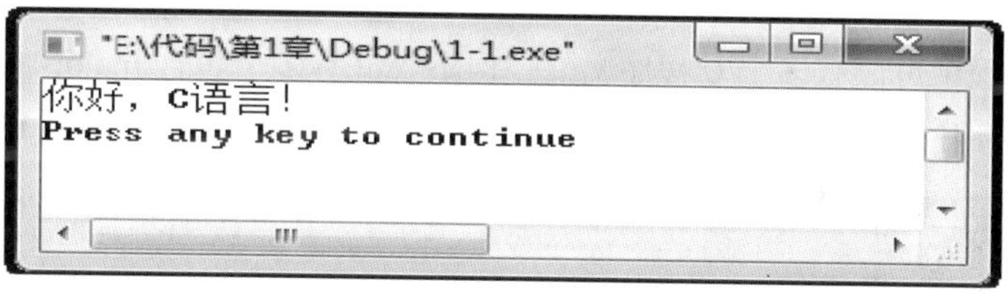

图 1-12　运行结果

任务 1.3.3　C 语言程序设计实验过程问题

问题 1：VC++环境中建立 C 源程序文件时忘了加后缀.C，如图 1-13 所示。

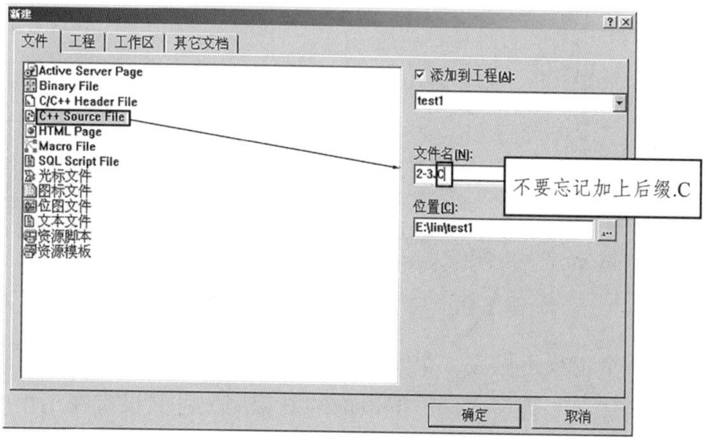

图 1-13　忘记加后缀.C

解释：VC++是 C++语言的集成开发环境，但也可以用来开发 C 程序，但在建立 C 程序源程序文件时一定要加上.C 后缀。

问题 2：同一个工程中出现了多个有 main 开头的 C 程序，如图 1-14 中的 2-1.c 与 2-2.c。

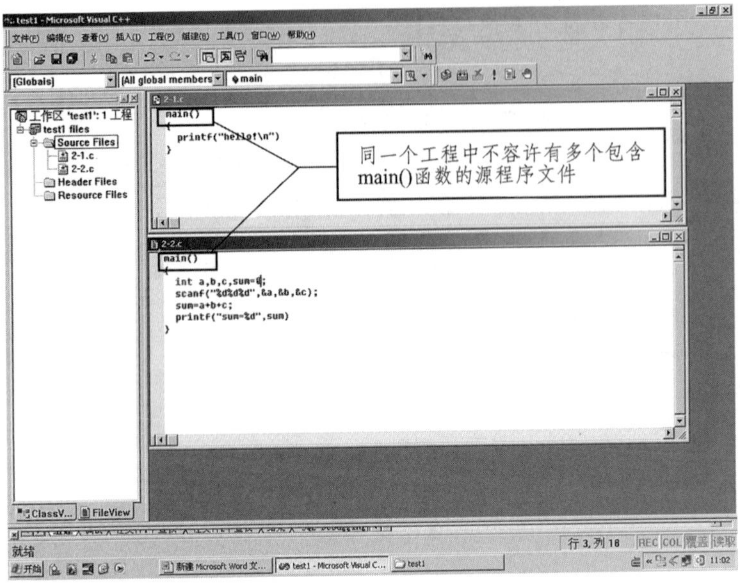

图 1-14　有多个 main 开头的 C 程序

解释：工程中可以有多个 C 程序文件，但不容许有多个包含 main()函数的源文件。鉴于现在 C 程序比较简单，一般工程中只有一个 C 源程序文件，如图 1-15 所示。

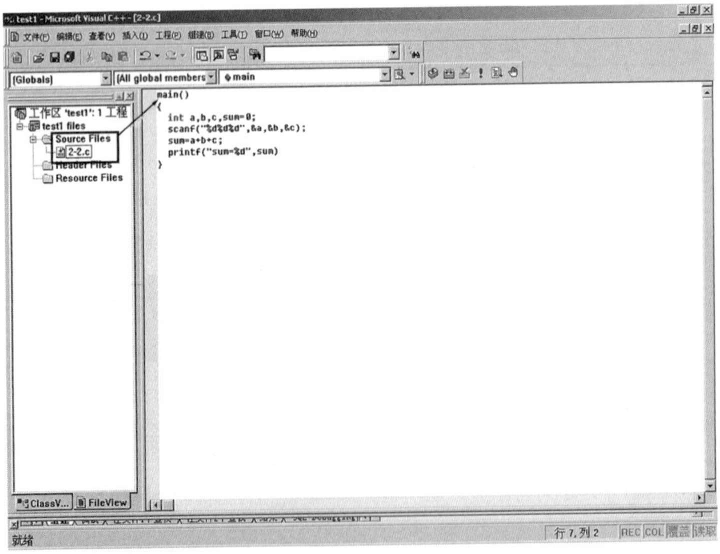

图 1-15　只有一个 C 源程序文件

问题 3：在同一个工程下做完一个实验后，没有重新开始做另一个实验。很多同学是在原有工程下直接建立 C 程序文件，但以前的 C 程序文件又没有在工程中进行删除，这就出现了前面的问题 2。

正确做法如图 1-16 所示。

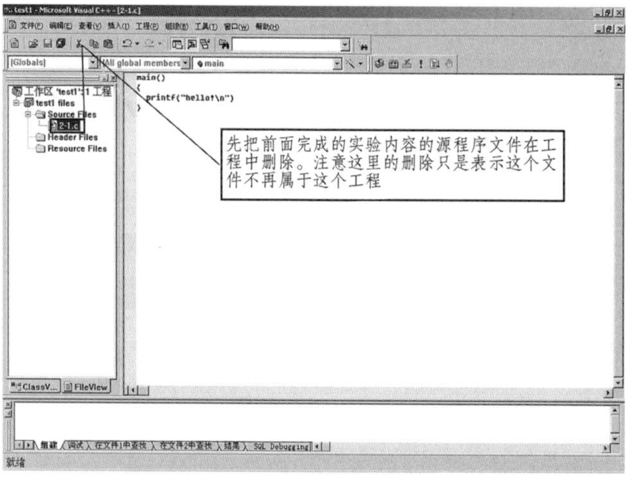

（a）第一步

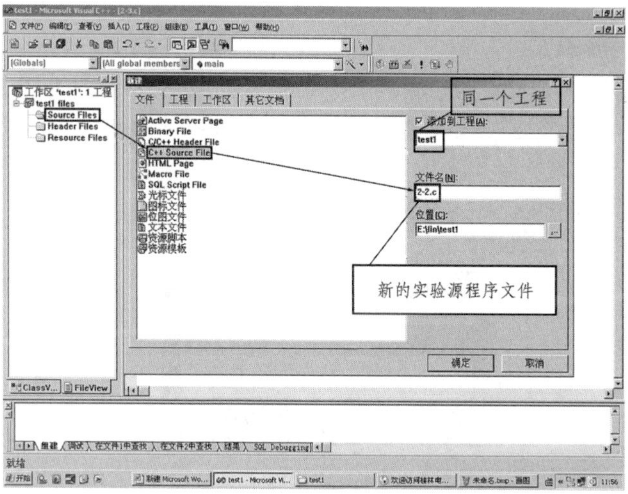

（b）第二步

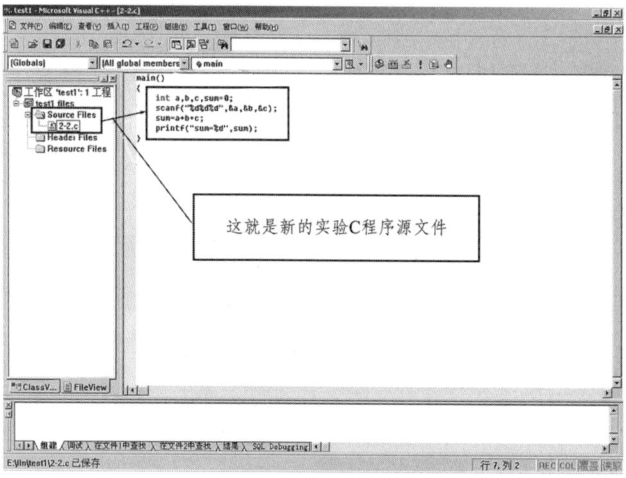

（c）新的实验 C 程序源文件

图 1-16　正确做法

问题 4：编译出现错误时不知道怎样找错误。先解释编译结果，如图 1-17 所示。

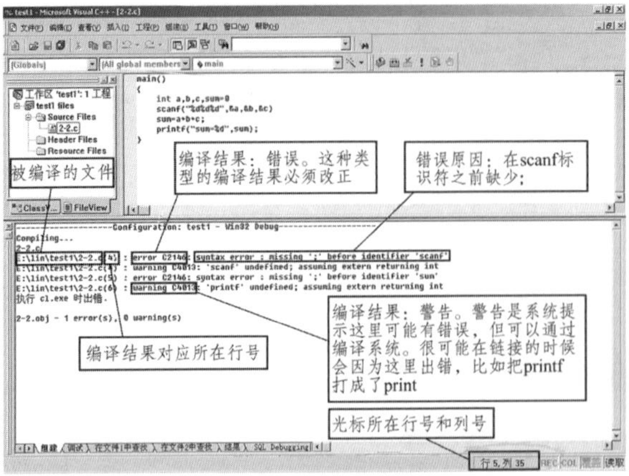

图 1-17　解释编译结果

注意：如果看不懂错误的原因请参考附录 E，也可以查询英文单词的含义。在改正一处错误之后最好重新编译一次。

问题 5：不知道在哪里输入数据和查看结果，如图 1-18 和图 1-19 所示。

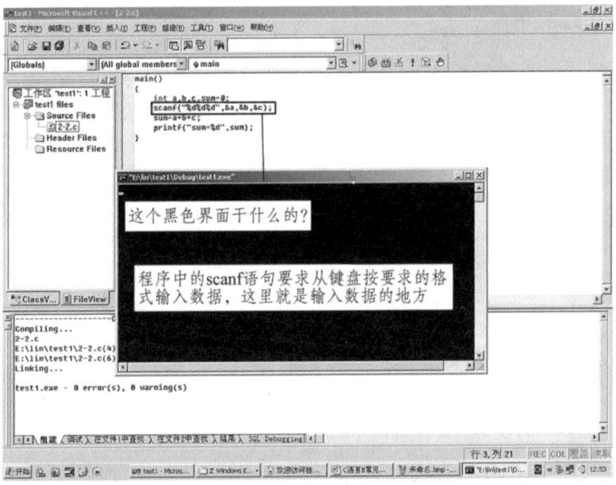

图 1-18　输入数据

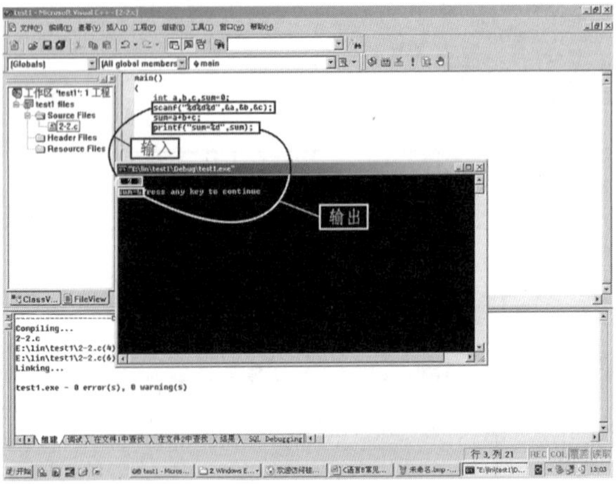

图 1-19　输出结果

任务 1.3.4　其他开发环境

1. VS 2013 开发过程

由于 08、10、12、13 版本在操作上基本没什么变化，所以此处以 13 版为例，建立一个 C++工程，其他版本一样。

（1）打开 VS 2013　文件→新建→项目，如图 1-20 所示。

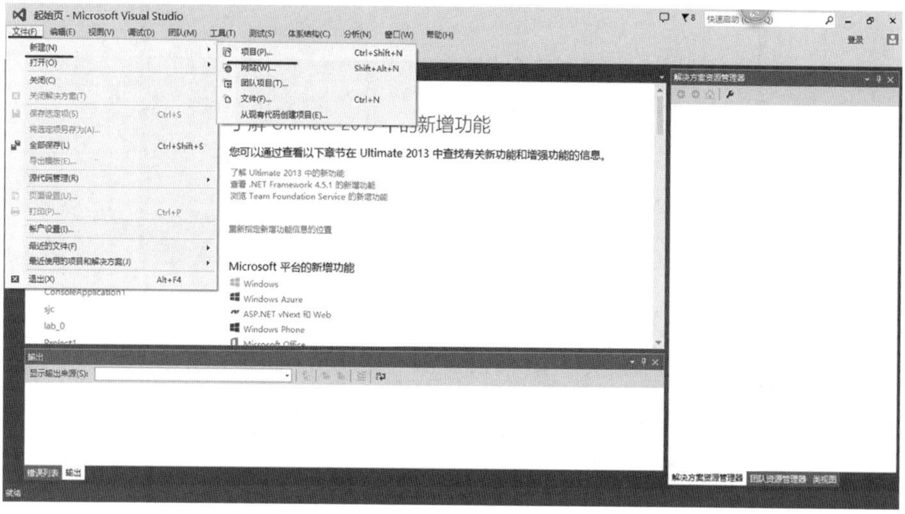

图 1-20　新建项目

（2）左侧选择“Visual C++”，中间选择“Win32 控制台应用程序”，下方可以修改名称及存储位置，修改完毕后点击“确定”（这里存储在桌面，名字使用“例子”），如图 1-21 所示。

图 1-21　名称与存储位置

（3）点击“下一步”，如图 1-22 所示。

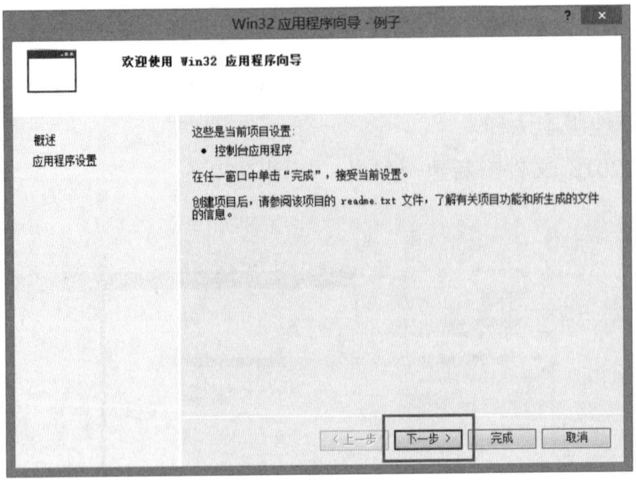

图 1-22　应用程序向导

（4）勾选附加选项的“空项目”，然后点击“完成”，如图 1-23 所示。

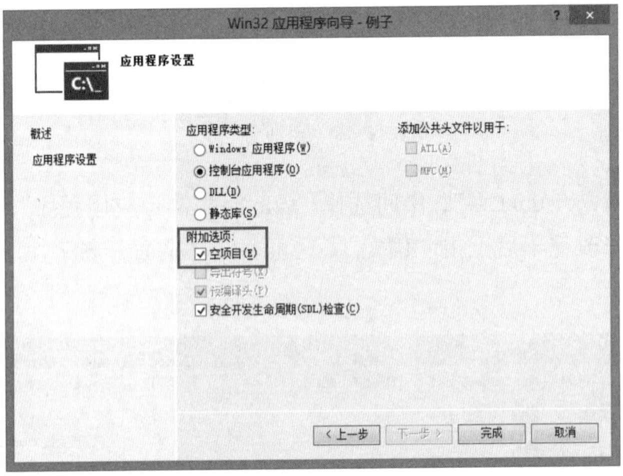

图 1-23　空项目

（5）在右侧右击源文件→添加→项目，如图 1-24 所示。

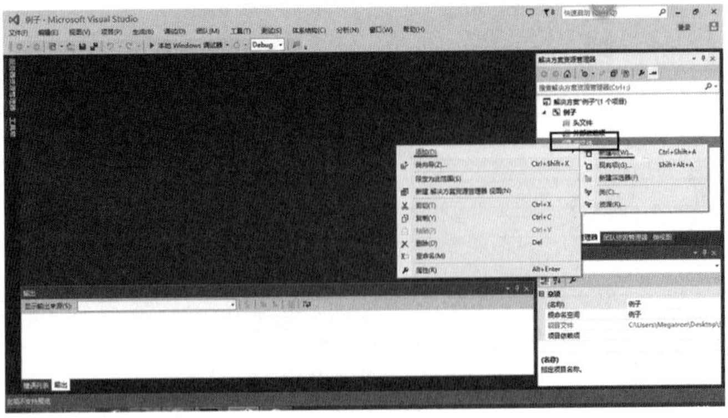

图 1-24　添加

（6）选择 C++文件，这一步很关键，把下面的源. cpp 改成想命名的名字. c。切记一定要改成.c（这里没有修改名字，仅修改了后缀，即“源.c”），修改完毕后点击“添加”，如图 1-25 所示。

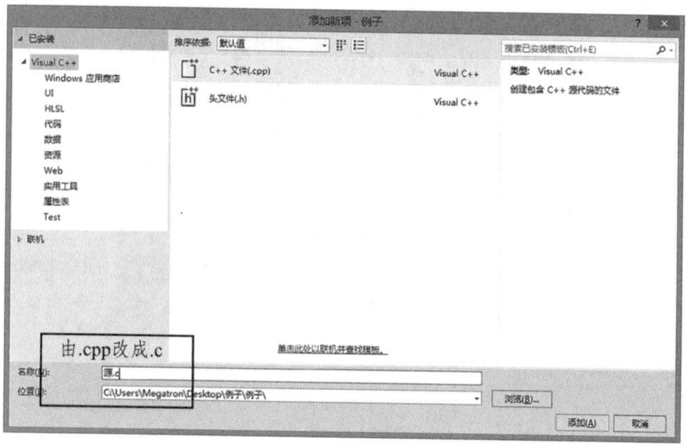

图 1-25　修改后缀

（7）完成后界面如图 1-26 所示，请务必等待左下角显示“就绪”二字以后才可以进行下一步操作。

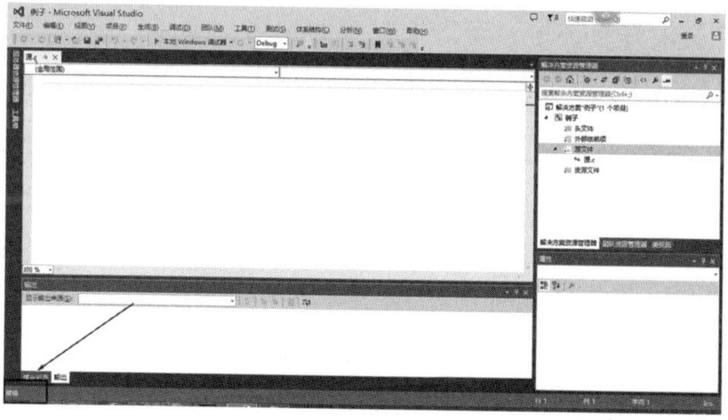

图 1-26　就绪

（8）编写 C 程序，编写完毕后按 Ctrl+F5 键以运行编写的程序，此时界面如图 1-27 所示，点击“是”。

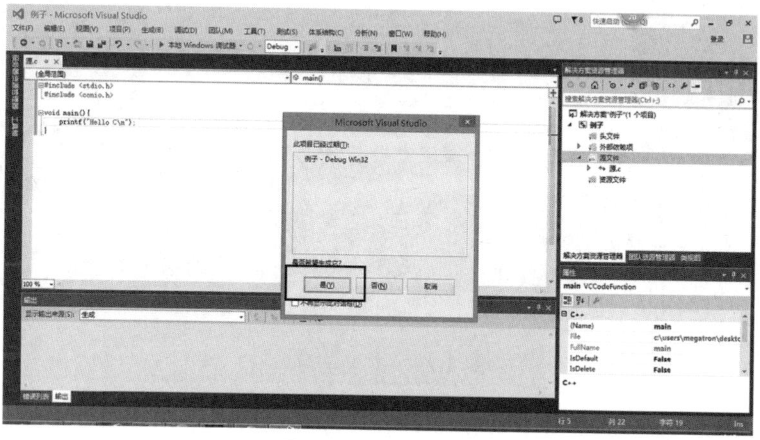

图 1-27　运行程序

（9）然后会经过一段等待时间，完毕以后会出现如图 1-28 所示的界面。

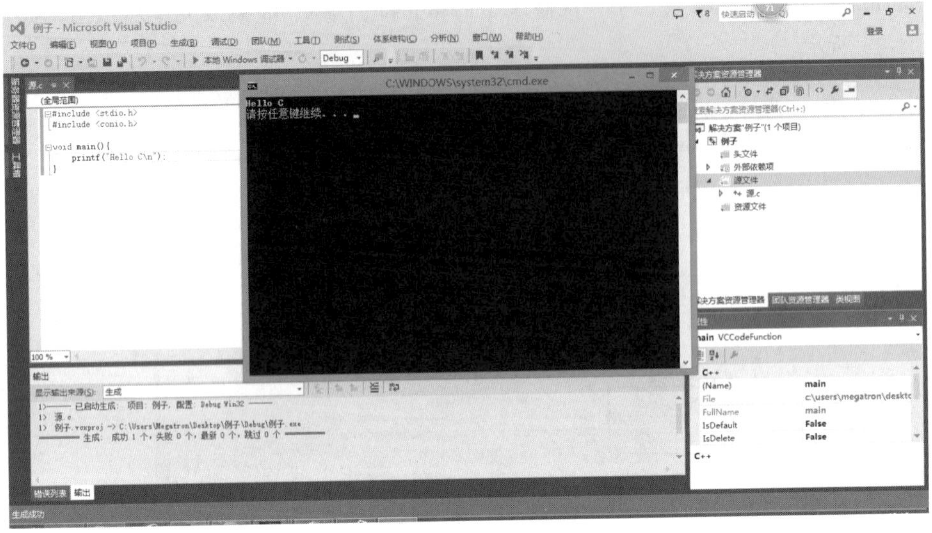

图 1-28　完成界面

2. Turbo C 开发环境

C 语言有许多集成开发环境，可以把程序的编辑、编译、连接和运行等操作全部集中在一个界面上。Turbo C 是其中较常用的一种。

1）Turbo C 的启动

可以通过在 Windows 系统中双击主程序文件 TC.EXE 来启动 Turbo C。主程序文件 TC.EXE 在安装 Turbo C 的文件夹中。启动成功后，屏幕上将显示 Turbo C 的主菜单窗口，如图 1-29 所示。

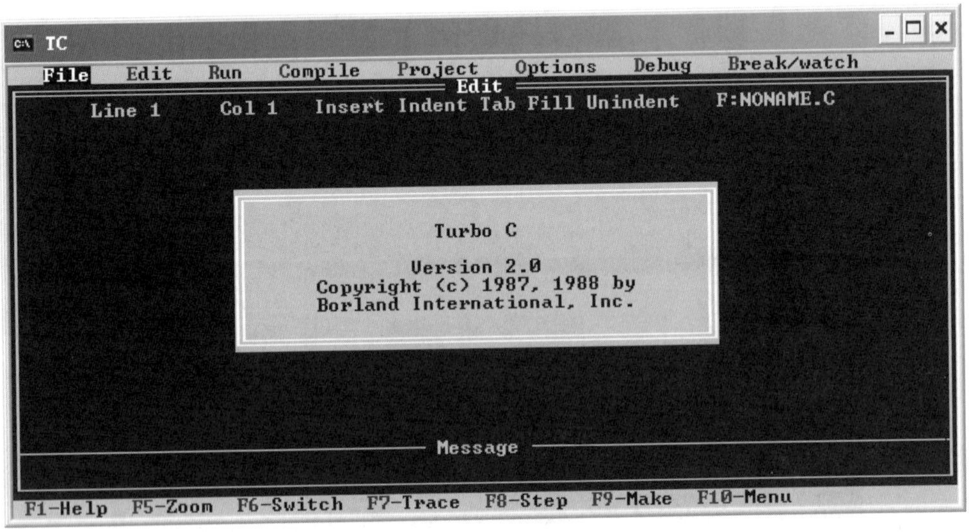

图 1-29　主菜单窗口

在 Turbo C 主菜单窗口中，用 F10 键和光标移动键可以从主菜单中选择所需的功能。一般为了防止与其他用户混淆，用户应该建立一个专用的工作目录，来存放自己的文件。

当需设定用户文件的存放目录时，应选“File”选项，即将亮块移到“File”后按下回车键，即会弹出“文件”下拉菜单，如图 1-30 所示。

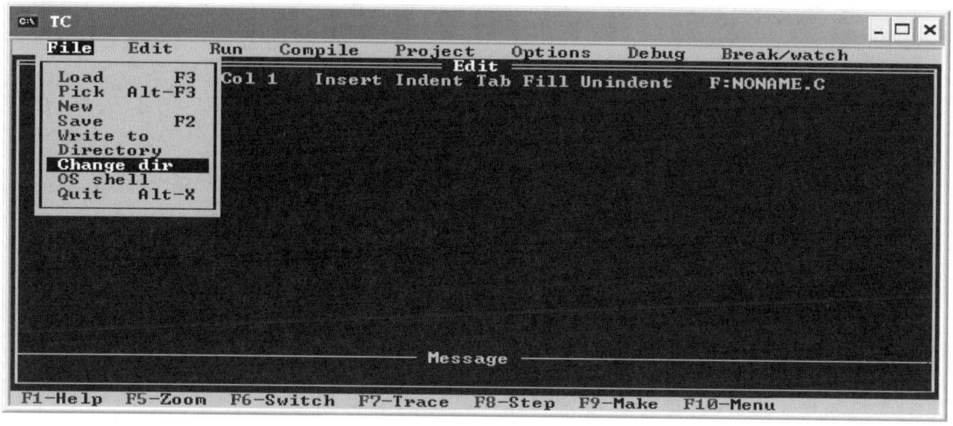

图 1-30　文件下拉菜单

将光标移至“Change dir”选项并按回车键，则弹出一个子目录提示框。用户可在该提示框中输入用户文件的存放目录，输入完后按回车键即可，如输入 D:\ user（D 盘中已创建好 user 文件夹），如图 1-31 所示。

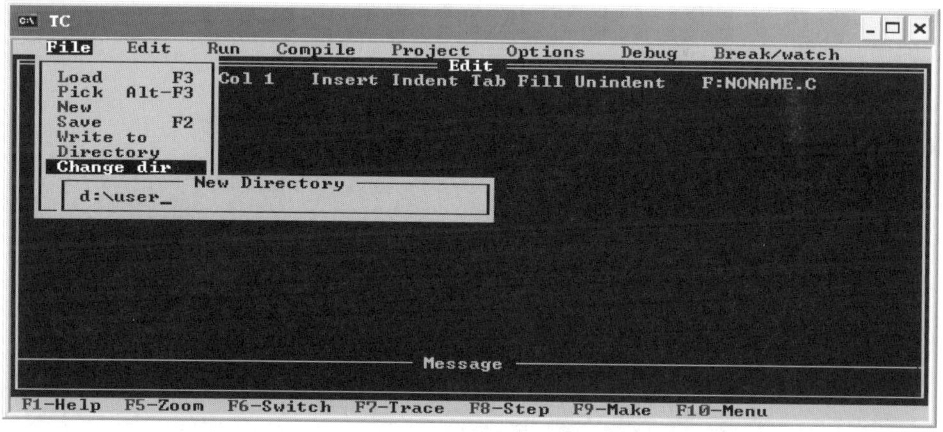

图 1-31　用户文件存放目录

设定好用户文件的存放目录后，用户编写的源文件将会保存在这里，最后，还需要设定编译、连接后的可执行文件的存放目录。用刚才的方法，选择“Options”选项下拉菜单中的“Directories”选项并按回车键，将弹出子菜单，从中选择“Output directory”选项并输入 D:\user。这里设定的就是编译、连接后的可执行文件所存放的目录，如图 1-32 所示。

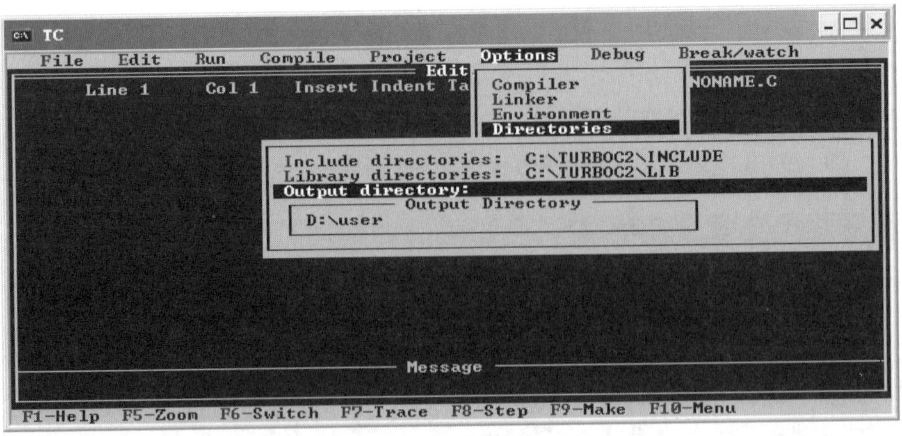

图 1-32　可执行文件存放目录

2）编辑源程序

在“File”选项的下拉菜单中，选择“New”选项，系统将会给出一个空白编辑窗口，在此编辑源程序。编辑过程中，可用到以下常用的编辑键：

（1）用光标移动键分别向上、下、左、右移动。用“Home”键到达行首，“End”键到达行末。

（2）用“Delete”键删除光标所在的字符，用“Backspace”键删除光标左侧的字符。

（3）用“Insert”键控制工作状态是否为插入状态。 按下“Insert”键可看到屏幕编辑窗口上有“Insert”时为插入状态，此时可在屏幕当前光标处插入输入的字符。在插入状态下，再按一下“Insert”键可取消插入状态，状态行上的“Insert”标识消失，此时输入的字符将覆盖光标处的字符。

3）编译和连接

选择“Compile”选项，按回车键后出现下拉菜单，如图 1-33 所示。

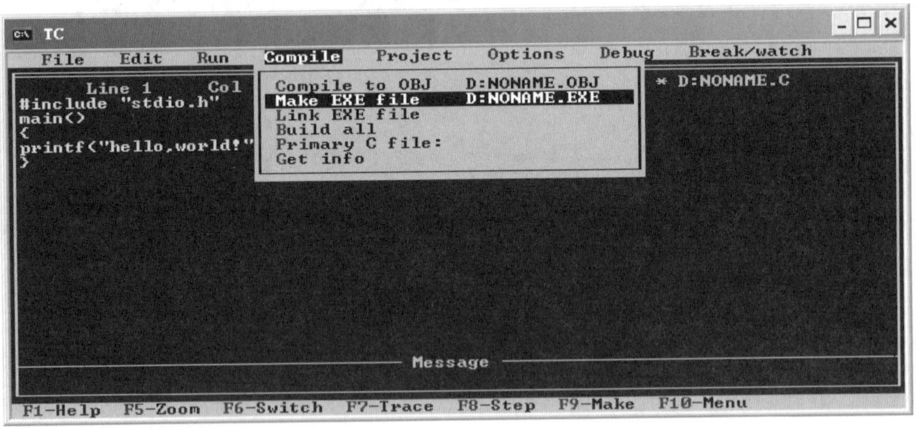

图 1-33　Compile 下拉菜单

选择“Make EXE file”选项对当前编辑窗口的源程序文件进行编译并生成目标文件（扩展名为.OBJ），连接后生成可执行文件（扩展名为.EXE）。若发现语法错误需进行修改。

4）运　行

按“Esc”键回到主菜单，选择“Run”选项出现下拉菜单，在菜单中选择“Run”命令项，即可运行已生成的可执行文件。若发现结果不对就要重新修改源程序。程序运行后，可在“Run”选项的下拉菜单中选择“User Screen”选项查看结果，如图 1-34 所示。查看后按任意键返回编辑窗口。

图 1-34　运行结果

5）Turbo C 的退出

在“File”选项的下拉菜单中，选择“Quit”选项，即可退出 Turbo C 集成开发环境。

项目考核

一、选择题

1. 下列选项中，关于 main()函数叙述不正确的是（　　）。

A. 一个完整的 C 语言程序中，有且只能有一个 main()函数

B. main()函数是程序的主入口，程序总是从 main()函数开始执行

C. 如果没有声明 main()函数，程序将从第 1 行开始执行

D. main()函数可以有返回值，也可以没有返回值

2. 下列关于注释的描述中，错误的是（　　）。

A. C 语言中的注释有两种类型：单行注释和多行注释

B. 所有的注释都可以嵌套使用

C. 单行注释用“//”符号表示，“//”后面为被注释的内容

D. 多行注释以符号“/*”开头，以符号“*/”结尾

3. 在 C 语言中，程序的入口函数是（　　）。

A. main　　　　B. printf

C. 自己定义的函数　　　　D. #include<stdio.h>

4. C 语言程序的正确运行顺序是（　　）。

A. 编译、编码、连接、运行　　　　B. 编辑、编译、连接、运行

C. 连接、编译、编码、运行　　　　D. 连接、编码、编译、运行

5. C 语言规定：在一个源程序中，main 函数的位置（　　）。

A. 必须在最后　　　　B. 必须在系统调用的库函数的后面

C. 必须在最开始　　　　D. 可以任意

6. 关于 C 程序的叙述，正确的是（　　）。

A. 一条语句可以写在多行，也可以多条语句写在一行

B. 从//开始的程序都是注释内容

C. /*　　*/只能写在一行，其中的内容为注释部分

D. 一行只能写一条语句

7. 构成 C 语言程序的基本单位是（　　）。

A. 字符　　　　B. 语句

C. 函数　　　　D. 文件

8. 以下叙述正确的是（　　）。

A. 函数的函数体如果只有一条语句，则“{ }”可以省略

B. C 语言中函数必须用预处理#include 将其包含进来

C. 函数体可以放在程序的任意位置

D. 函数的函数体必须用“{ }”括起来

9. C 语言从（　　）开始执行。

A. 函数　　　　B. 定义变量的语句

C. 主函数　　　　　　　　　　D. 头文件

10. 计算机能够直接执行的是（　　）。

A. 源程序　　　　　　　　　　B. 汇编程序

C. 可执行程序　　　　　　　　D. 目标程序

二、判断题（正确的T，错误的填F）

（　　）1. 在C语言可执行程序的开始执行点是程序中的第一个函数。

（　　）2. C语言程序书写格式自由，一行内可以写几个语句，一个语句可以分写在多行上。

（　　）3. 程序的执行总是从main函数开始，在程序的最后一个函数中结束。

（　　）4. 在C程序中，使用分号表示语句的结束。

（　　）5. 在执行C程序的过程中，可发现注释中的拼写错误。

三、填空题

1. ________是构成C语言程序的基本单位。

2. C语言程序最基本的程序框架是由______________和__________构成。

3. 用户自定义标识符由_________、__________和_________组成。

4. C程序中的每个语句以_________结束。

四、简答题

下面哪个是不合法的用户标识符?为什么？

Float	b-a	_123	int
my$	a*	N4	3m

项目实训

1. 编程要求:设计并在屏幕上打印自己程序设计的 Logo。例如:

```
**************************************************
*                                                *
*     NWSUAF   电子信息 1 班      *******程序          *
*                                                *
*                                                *
*                 BY JUANQIN WANG                *
*                       2020-8-11                *
**************************************************
```

2. 为自己制作一张名片，让老师和同学们记住你的名字。名片中要求包括班级、姓名、性别、电话、专业以及兴趣爱好等内容。

项目 2 程序设计基础知识

项目导读

在计算机里面有各种各样的数据，对于这些数据是如何表示的、如何使用的呢？它们之间又有怎样的联系呢？这些数据在程序中有什么样的作用？在这个项目中，我们一起来了解一下吧。

本项目首先介绍了 C 程序基础知识，并由此引入了关键字、变量、常量、标识符、数据类型的概念，然后详细介绍了 C 语言中常量的使用方法，变量的定义和使用方法，C 语言中的各种运算符和表达式，最后介绍了 C 语言中数据类型的转换方法，以及变量、常量、数据类型、使用三种基本结构流程图表示算法的方法。

学习目标

- 掌握关键字、变量、常量、标识符、数据类型等概念；
- 掌握常量和变量的使用方法；
- 熟悉各种数据类型的特点；
- 掌握使用赋值运算符、算术运算符和逗号运算符进行运算的方法；
- 熟悉使用位运算符进行运算的方法；
- 掌握不同数据类型之间转换的方法；
- 掌握使用三种基本结构流程图表示算法的方法。

任务 2.1 C 程序基础知识概述

一个简单的 C 程序示例：求和运算。

```
#include <stdio.h>                          /*编译预处理指令*/
int main()                                  /*主函数的函数头*/
{                                           /*函数体的开始标记*/
    int a, b, c;                            /*定义 3 个整型变量*/
    scanf ("%d%d", &a, &b);                 /*运行程序时，分别为 a, b 输入整数值*/
    c=a + b;                                /*计算 a+b 的值，将结果赋值给 c*/
    printf("a=%d, b=%d, c=%d\n", a, b, c);   /*依次输出 a, b, c 的值*/
```

```
    return  0;                  /*程序返回值 0*/
}                               /*函数的结束标记*/
```

由该程序可以看出，C 程序中主要包括关键字、变量、常量、运算符等。下面就来简单了解一下这些元素的特点。

关键字和标识符在项目 1 中已经做了详细的介绍，这里只简单介绍一下。C 语言中规定具有特别意义的字符串称为关键字，也称保留字。

变量，是指程序运行过程中其值可以改变的量，如上例中的 a，b，c。

常量，是指程序运行过程中其值不变的量，如上例中的 0。本项目稍后会对 C 语言中的常量和变量进行更为详细的解释。

总体而言，C 语言中的关键字大致可以分为以下几类：

（1）数据类型说明符，如整型 int、字符型 char 等。

（2）语句定义符，如选择结构中的 if、else，循环结构中的 for、while、do 等。

（3）存储类型关键字，如声明自动变量的 auto、声明静态变量的 static 等。

（4）其他关键字，如声明常量的 const。

标识符，指的是编程人员在编写程序时自己规定的具有特定含义的词，用来标明设定的变量名、数组名、函数名等。在 C 语言中，标识符应遵循以下一些命名规则。

（1）标识符只能由字母、下划线、数字组成，且第一个字符必须是字母或下划线，不能是数字。如 str、_str1、str_2 都是合法的标识符，但 2str、2_str、&123、%lsso，M.Jack、-L2 都是错误的标识符。

（2）标识符区分英文字母大小写，如 score 和 Score 是两个不同的标识符。

（3）标识符不能是 C 语言中的关键字。

由上述标识符的命名规则可知，下面的标识符名是合法的：

```
name，x1，_name，NAME
```

而下面的标识符名是不合法的：

```
3s          /*以数字开头*/
s*T         /*出现非法字符**/
-3x         /*以减号开头*/
bowy-1      /*出现非法字符-（减号）*/
```

说明：

（1）理论上，C 语言并不限制标识符的长度，但实际标识符的长度受不同 C 语言编译系统和机器系统的限制。例如，某些编译程序中规定标识符前八位有效，即当两个标识符前八位相同时，被认为是同一个标识符。

（2）应尽量使标识符具备相应的意义，使其可以“见名知义”，从而提高程序的可读性。例如，学生名字变量可以命名为 StuName。

（3）在 C 程序中，只能使用英文字母（大写或小写）、数字及一些英文特殊符号（如!、#、&、%、,、|等）。在程序注释及字符串常量中，可以使用任意字符，包括汉字及中文标点。

课堂练习

（1）定义单精度浮点型变量 hight 和 weight，代表身高和体重，从键盘上输入身高和体重，然后将其值显示在屏幕上。

（2）编程实现分别求出 8974 与 579 的和与差。

任务 2.2　数据类型

为什么 C 语言需要不同的数据类型？C 语言中的数据类似于停车场中的小型汽车位、大型汽车位、非机动车位需要分类存放。在 C 语言中，为了指明每个变量、函数可存储什么类型的数据，以及可以进行哪些运算或操作，系统提供了多种数据类型。数据类型不同，其在内存中占用的存储空间大小也有所不同。

任务 2.2.1　数据类型的分类

在 C 语言中，数据类型可分为四类，它们分别是基本类型、构造类型、指针类型和空类型，如图 2-1 所示。其中，基本类型又可细分为整型、实型、字符型和枚举型；构造类型包括数组类型、结构体类型和共用体类型。在本项目中，我们将主要介绍 C 语言的基本类型，对于其他数据类型，将在后面各项目陆续介绍。

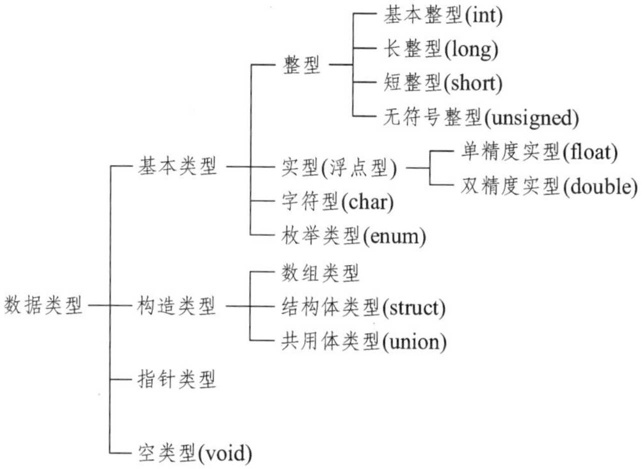

图 2-1　数据类型

任务 2.2.2　基本数据类型

1. 整　型

整型数据可以分为有符号的基本整型、短整型、长整型及其相应的无符号类型。各种整数类型的符号表示、所占存储空间大小的范围见表 2-1。

表 2-1　整型数据

名称	符号	存储空间	数的范围
短整型	short	2 字节	-2^{15}~$2^{15}-1$
基本整型	int	2 字节	-2^{15}~$2^{15}-1$
		4 字节	-2^{31}~$2^{31}-1$
长整型	long	4 字节	-2^{31}~$2^{31}-1$
无符号短整型	unsigned short	2 字节	0~$2^{16}-1$
无符号基本整型	unsigned int	2 字节	0~$2^{16}-1$
		4 字节	0~$2^{32}-1$
无符号长整型	unsigned long	4 字节	0~$2^{32}-1$

有符号数在内存中存放时，以补码表示，并用最高位存放符号位，负数用 1 表示，非负数用 0 表示；无符号数在内存中存放时，以其原码表示。

2. 浮点型

整数类型并不适用于所有应用。有时需要变量能够存储带小数点的数，或者能够存储极大数或极小数。这类数可以用实型变量进行存储，实型变量也称为浮点型变量。实型变量根据精度可以分为单精度类型和双精度类型等两种类型。具体的关键字表示和各类型的取值范围见表 2-2。

表 2-2　浮点型数据

名称	符号	存储空间	有效数字	数的绝对值范围
单精度浮点型	float	4 字节	6~7	$3.4\times10^{-38}\sim3.4\times10^{38}$
双精度浮点型	double	8 字节	15~16	$1.7\times10^{-308}\sim1.7\times10^{308}$

3. 字符型

字符型数据涵盖了 ASCII 码字符集中每一个字符，包括可直接显示的字符和 32 个控制字符，参见附录 C。字符型数据存放的是该字符所对应的 ASCII 码值（一个整数）。字符型数据进行运算时按照所对应 ASCII 码值进行运算。其符号表示、所占存储空间大小范围见表 2-3。

表 2-3　字符型数据

名称	符号	存储空间
字符型	char	1 字节

课堂练习

（1）在 C 程序中，常用的基本数据类型有哪些?
（2）字符型数据是如何进行运算的?

任务 2.3　常　量

常量通常用于给变量赋值，因此，使用它时无须事先声明，只要按规定书写即可。常见的常量包括整型常量、实型常量、字符型常量和符号常量等。按照表现形式来分有直接常量和符号常量。直接常量可分为整型常量、实型常量、字符常量和字符串常量等常量形式。

任务 2.3.1　整型常量

1. 整型常量的不同表示形式

整型常量即整常数，C 语言中整型数据可以有十进制、八进制和十六进制 3 种表示形式，见表 2-4。

表 2-4　整型常量的不同表示形式

表示方式	前置符号	构成	示例	表示方式
十进制	无	0～9、正负号	65，-57	十进制
八进制	0	0～7、正负号	032，027，-033	八进制
十六进制	0x 或 0X	0～9，a～f（或 A～F）、正负号	0x101，0Xff	十六进制

2. 使用整型常量时的注意事项

（1）十进制整数的使用方法与数学上学习的方法是一样的，如 18、-175。

（2）C 语言中八进制以数字 0 开头，只能用 0～7 这 8 个数字组合表达，如 0154 对应的十进制数为 $1\times8^2+5\times8^1+4\times8^0=108$。

（3）C 语言中十六进制以 0x 或 0X 开头，只能用 0～9 这十个数字及字母 A～F 组合表达。在十六进制中，字母 A～F 可以使用大写形式，也可以使用 a～f 小写形式。其中，A 代表数值 10，B 代表数值 11，依此类推，F 代表数值 15。如 0x15F 对应的十进制数为 $1\times16^2+5\times16^1+15\times16^0=351$。

（4）整型常量默认为基本整型，可以在整型常量后加小写字母 l 或大写字母 L 得到相应的长整型常量；也可以在整型常量后加小写字母 u 或大写字母 U 得到相应的无符号整型常量；也可以在整型常量后加小写字母 lu 或大写字母 LU 得到相应的无符号长整型常量。

任务 2.3.2　实型常量

1. 浮点型常量的表示方法

实型数据指带小数的数值（实数），又称浮点数（因小数点是“浮动的”而得名）。C 语言中实型常量只用十进制形式表示，但其表示方式也有两种，见表 2-5。

表 2-5　浮点型常量的表示方法

表示方式	符号	构成	示例	表示方式
十进制小数	小数点.	0～9、正负号和小数点	1.23，.23，-1.	必须有唯一的小数点
指数	字母 e 或 E	0～9、正负号、e 或 E	1.23e3，1.23E3	字母 e 或 E 前必有数，e 或 E 后必为整数

2. 使用整型常量时的注意事项

（1）直接十进制小数形式，使用方法与数学上学习的方法是一样的，如 0.0013、– 1482.5。

（2）指数形式，通常用来表示一些比较大或者比较小的数值，格式为：实数部分+字母 E 或 e+正负号+整数部分。其中字母 E 或 e 表示 10 次方，正负号表示指数部分的符号，整数为幂的大小。字母 E 或 e 之前必须有数字，之后的数字必须为整数。例如，0.0013 可表示为 1.3e-3，-1482.5 可表示为-1.4825e3。

（3）绝对值很大或很小的数可写成指数形式，更显得直观、方便，如 0.0000066667 写成 6.6667×10^{-6} 或 0.66667×10^{-5}。

（4）以字母 e 或者 E 来代表以 10 为底的指数。0.0000066667 写成 6.6667e-6 或 0.66667E-5。

（5）e 或 E 的左边是数值部分，可以表示成整数或者小数形式，不能省略。

（6）e 或 E 的右边是指数部分，必须是整数形式。

（7）实型常量的类型也可以分为双精度实型、单精度实型和长双精度实型。float 常量由常量值后跟 f 或 F 来表示，long double 常量由常量值后跟 L 或 l 来表示。

任务 2.3.3　字符型常量

字符型常量包括字符常量、字符串常量和转义字符。

1. 字符常量

C 语言中字符常量必须用单撇号（单引号）括起来，且单撇号中只能是单个字符。如'A'、'a'、'8'、'&'是正确的，'ab'是错误的。字符型数据在 C 语言中是以 ASCII 码形式存储的，字符常量的值就是其对应的 ASCII 码的值（见附录 C）。如字符'a'的 ASCII 码值为 97，'A'的 ASCII 码值为 65。因为 ASCII 码值为整型，所以 C 语言中字符型数据与整型数据可以互用，例如，'a'-32 相当于 97-32，等于 65，对应的字符为'A'；同理，'A'+32

为字符'a'。这也是字母大小写转换的一种方法。

2. 字符串常量

除单个字符外，C 语言还可以处理多个字符组成的常量，称为字符串常量。字符串常量是一对双撇号（双引号）括起来的一个或多个字符，例如，"A"、"China"、"How are you!"等。C 语言中存储字符串常量时，系统会在字符串的末尾自动加一个'\0'作为字符串的结束标志。例如，字符串常量"China"在内存中的存储形式为：

C	h	i	n	a	\0

另外要注意的是，字符'A'和字符串"A"是不同的。C 语言中规定字符串必须有结束标志，结束标志为字符'\0'（其 ASCII 值为 0）。因此，字符串"A"实际上包含两个字符：'A'与'\0'，占 2 字节，而字符'A'只占 1 字节。

3. 转义字符

C 语言中还有一类特殊字符，称为转义字符，以“\”开头，后跟一个字符。转义字符通常用来表示一些控制代码和功能定义，例如 “printf（"你好，C 语言！\n"）;”中，“\n”表示换行。实际上，任何一个字符都可以用转义字符\ddd 或\xhh 来表示，ddd 和 xhh 分别为八进制和十六进制的 ASCII 码，例如，'\101'表示字母'A'，'\134'表示右斜杠，'\X0A'表示换行等。常见的转义字符见表 2-6。

转义字符'\ddd'
ddd：1～3 位八进制数的 ASCII 码
转义字符: '\141'
转换为十进制数: $1*8^2+4*8^1+1*8^0=97$
对应的字符: 'a'
结论: '\141'等价于'a'

转义字符'\xhh'
xhh: 1～2 位十六进制数的 ASCII 码
转义字符: '\x61'
转换为十进制数: $6*16^1+1*16^0=97$
对应的字符: 'a'
结论:'\x61'等价于'a'

注意：转义字符中只能使用小写字母；每个转义字符只能看作一个字符。

表 2-6 常见的转义字符

字 符	含 义	十进制 ASCII 码值
\0	（空字符）通常用作字符串结束标志	0
\a	（警报字符）响铃报警	7
\b	（退格字符）跳过\b 前一个字符，移动到当前行的下一个位置	8
\t	（水平制表字符）移动到当前行的下一个水平制表位置	9
\n	（换行字符）换行	10
\v	（垂直制表字符）移动到下一个垂直制表位置	11
\f	（换页字符）移动到下一个逻辑页的初始位置	12
\r	（回车字符）将\r 后面的内容移动到当前行的初始位置	13
\"	（双引号字符）产生双引号字符"	34
\'	（单引号字符）产生单引号字符'	39
\?	（问号字符）产生问号字符?	63
\\	（反斜杠字符）产生反斜杠字符\	92
\ddd	1～3 位八进制 ASCII 码值所代表的字符	根据计算确定
\xhh	1～2 位十六进制 ASCII 码值所代表的字符	根据计算确定

任务 2.3.4 符号常量

1. 符号常量的定义

符号常量：也称为宏常量，用一个标识符来代表的常量。符号常量在使用前必须先用编译预处理命令“#define”进行定义。

符号常量定义的一般格式为：

```
#define 符号常量名 字符串
```

例如：#define PI 3.1415926

宏定义的作用是给常量起“别名”，利用它可以增强程序的可维护性。例如，当需要修改某一常量值时，只要修改宏定义中的常量值即可，而不必在程序各处逐一修改。同时，意义明确的“别名”还可以增强程序的可读性。

2. 使用符号常量时的注意事项

（1）为了与源程序中的变量名有所区别，变量标识符用小写字母表示，符号常量名一般使用大写英文字母表示。

（2）符号常量定义的几种常见错误：

```
#define PI = 3.14159      // 符号常量名后面添加了“=”
#define PI 3.14159;       // 符号常量定义末尾添加了“;”
```

（3）定义符号常量名时应考虑“见名知意”。使用符号常量的好处是：在需要改变一个符号常量值时能做到“一改全改”。

【例 2-1】已知圆的半径，求圆的周长和面积。

```
#include <stdio.h>
#define PI 3.1415926                          /*使用符号常量表示圆周率*/
void main()
{    double r，l，s;                          /*定义半径 r，周长 l 和面积 s*/
     printf ("请输入圆的半径:");              /*输出提示语*/
     scanf ("%lf", &r);                       /*输入半径 r 的值*/
     l=2*PI*r; s=PI*r*r;                      /*计算周长 l 计算面积 s */
     printf ("圆的周长为%f, 圆的面积为%f\n",l,s);}   /*输出周长 l 和面积 s*/
```

在本例中，可以使用符号常量来表示圆周率，在运行时先显示文字，提示用户输入圆的半径值。用户输入值后，经过计算就可以得到圆的周长和面积，最后将计算结果显示出来。用格式输入函数 scanf 输入双精度型数据时，输入格式为%lf；用格式输出函数 printf 输出双精度型数据时，输出格式为%f，关于格式输入输出函数将在后面的项目详细介绍。也可以用 const 关键字来定义符号常量。

3. const 定义的符号常

const 定义的符号常量一般格式为：

```
const 数据类型 常量名 = 常量值
```

例如：const int MAX =10；

使用#define 定义的符号常量或 const 常量的优点：代替源程序中多次出现的数字或字符串，可以提高程序的可读性和可维护性。

#define 定义的符号常量和 const 常量的区别在于：const 常量有数据类型，而符号常量没有数据类型。编译器对 const 常量能够进行类型检查，而对符号常量则只进行字符串替换，不进行类型检查，字符串替换时极易产生意想不到的错误。

课堂练习

请将例 2-1 程序用 const 定义的符号常量来改写。

任务 2.4　变　量

变量是程序运行过程中其值可以改变的量。变量有三个属性，包括变量名、变量值和存储空间，如图 2-2 所示。变量名，即变量的名字，是用户定义的标识符，如图中的 a 就是变量名。存储空间，每个变量在内存中都占用一定的存储单元，存储空间的大小由变量的数据类型决定。变量值，即存储空间中所存放的变量的值，如图 2-2 中的 3 即为变量值。

任务 2.4.1 变量的声明

变量，是指程序运行过程中其值可以改变的量，如例 2-1 中的 r、l、s。变量的定义即确定变量名并同时确定变量所占据的存储空间。

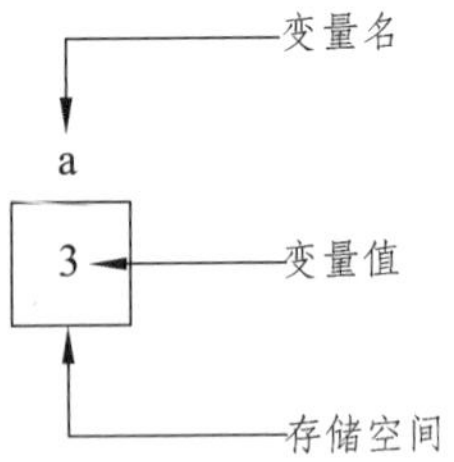

图 2-2 变量示意图

（1）一般格式为：

数据类型 变量名 1[, 变量名 2, …, 变量名 *n*];

方括号内的内容是可选项，定义变量时可以定义单个变量，也可以同时声明多个相同类型的变量，它们之间用逗号分隔。

（2）应用示例：

```
int a;              /*定义一个整型变量 a*/
double r, l, s;     /*定义三个双精度类型的变量 r、l 和 s*/
```

在 C 语言中，对任何变量都必须“先定义，后使用”，只有在定义了变量的名字和数据类型之后，才能对变量进行各种运算。

任务 2.4.2 变量的初始化

变量在内存中占据一定的存储单元，存储单元中存放变量的值。

（1）初始化格式如下：

数据类型 变量名 1=常量 1[, 变量名 2=常量 2, …, 变量名 *n*=常量 *n*];

（2）变量的初始化通常有以下 3 种方式：

① C 语言允许定义变量的同时对变量进行初始化，即对变量赋初值。

```
例如：long sum=0;          //定义 sum 为长整型变量，初值为 0
      char sex='M';        //定义 sex 为字符型变量，初值为'M'
```

② 同时声明多个相同类型的变量并初始化，它们之间用逗号分隔。

```
例如：float score1=90.5, score2=85.5;   // score1 的初值为 90.5, score2 的初值为 85.5
```

③ 通过赋值的方法将数据值赋值给变量或改变变量的值。

```
例如：score1=94.0;         //修改变量 score1 的值为 94.0
```

（3）使用变量时还要注意以下几点：

① 相同类型变量可以定义在一行，也可以定义在多行。

② 类型和变量名之间至少要加一个空格。

③ 对多个相同类型的变量赋同一个初值，不能写成如此形式：int a=b=c=3;，错误原因：变量 b 和 c 是没有定义的。

任务 2.4.3 变量的分类

变量是指在程序运行过程中其值可以被改变的某个标识符。C 语言中的变量可以分为以下几种类型，如图 2-3 所示。

- 变量
  - 普通变量
    - 整型变量(int)
    - 实型变量(float)
    - 字符变量(char)
  - 地址变量——指针变量

图 2-3　变量的分类

1. 整型变量

整型变量是用来存储整数的变量。整型可分为两大类：有符号型和无符号型。有符号整数指的是数值可以带正负号，所以需要一个符号位；无符号整数指的是数值只有正数，所以可以去掉符号位。默认情况下，C 语言中的整型变量都是有符号的，若要告诉编译器变量是无符号整数，需要把它声明成无符号类型（用关键字 unsigned 表示）。如果给整型变量所赋的值超过了该变量类型的取值范围，那么就会因为发生类型溢出。

【例 2-2】假设当前 short 类型变量在内存中占 2 字节，那么 short 类型变量的允许值范围为：-32768 ~ 32767，如果在最大值的基础上再加 1，会出现什么情况呢?

```
#include <stdio.h>
int main()
{
    short a，b;                              /*定义两个短整型变量 a 和 b*/
    a=32767;                                 /*将值 32767 赋给变量 a*/
    b=a+1;                                   /*将 a 的值加 1 后赋给变量 b*/
    printf ("a=%d, b=%d\n", a, b);           /*输出 a 和 b 的值*/
    return 0;                                /*函数返回值*/
}
```

定义的变量 a 和 b 都是有符号的短整型，其取值范围为-32768 ~ 32767，所以无法表示大于 32767 或者小于-32768 的数，所以当 a 的值加 1 变成了 32768 后就发生了“溢出”。但运行时并不报错，它好像汽车里程表一样，达到最大值以后，又从最小值开始计数。所以 32767 加 1 后得到的结果不是 32768，而是-32768。

从这里可以看到：C 语言的用法比较灵活，即使程序存在潜在问题，系统也不会给出“出错信息”，此时只能依靠程序员的经验来保证结果的正确。在这里，我们只需把变量 b 改成 int 型或者 long 型，就可以得到预期的结果了（32768）。

2. 实型变量

整数类型并不适用于所有应用。有时需要变量能够存储带小数点的数，或者能够存储极大数或极小数。这类数可以用实型变量进行存储，实型变量也称为浮点型变量。实型变量根据精度可以分为单精度类型和双精度类型两种类型。具体的关键字表示和各类型的取值范围见表 2-2。对于实型数据，无论小数表示形式还是指数表示形式，在计算机内部都用浮点方式来实现存储。浮点数表示是将实数分为阶码和尾数两部分。实数 N 可以表示成如下形式：$N=S\times r^j$，S 为尾数（正负均可），j 为阶码（正负均可，但必须是整数），r 是基数。例如：$10.0111=0.100111*2^{10}$，0.100111 为尾数，2 是基数，10 为阶码。

【例 2-3】实型变量数据的舍入误差。

```
#include <stdio.h>
void main()
{    float   f1 ;                   /*定义单精度型变量 f1*/
     double f2;                     /*定义双精度型变量 f2*/
     f1=1234567.95789;              /*将值 1234567.95789 赋给变量 f1*/
     f2=1234567.95789;              /*将值 1234567.95789 赋给变量 f2*/
     printf (“f1=%f, f2=%f   \n”, f1,f2);       /*输出变量 f1、f2 的值*/
}
```

运行结果如图 2-4 所示。

```
f1=1234568.000000
f2=1234567.957890
Press any key to continue
```

图 2-4　运行结果

通过本例中的运行结果可以看出，f1=1234568.000000，f2=1234567.95789，f1 的数据打印出来和它本身赋值情况是不一样的，f2 的数据打印出来和它本身赋值情况是一样的，导致这个结果是因为 float 型数据提供 6 位有效数字，double 型数据提供 15 位有效数字，如果想要得到正确的结果，可以将 f1 的数据类型改为 double 型即可。

3. 字符型变量

字符型变量定义的关键字为 char，在内存中占 1 字节。前面说过，字符型数据和整型数据可以互用，但是整型占 4 字节，字符型只占 1 字节，故当整型量按字符型量处理时，只有低 8 位参与处理。字符型变量只能存放 1 个字符，不可以存放字符串。字符数据是以 ASCII 码存储，每个字符都有一个等价的整型值与其相对应。例如，对于字符'A'，内存中存储的是其 ASCII 码 65 的二进制值，存储形式与 int 型数 65 类似，只是在内存中所占字节数不同而已。char 型数据占 1 字节，而 int 型数据在 32 位环境下占 4 字节。

【例 2-4】按字符型和整型两种格式输出字符。

```
#include <stdio.h>
int main()
{
        char ch='A';
        printf ("%c, %d\n", ch, ch);
        return 0;
}
```

运行结果如图 2-5 所示。

```
A , 65
```

图 2-5　运行结果

通过本例可以看出采用%c 的格式输出的结果为字符'A'，采用%d 的格式输出的结果为整数 65。

4. 指针变量

指针又称地址，指针变量即存放地址的变量。变量的三要素是变量名、变量值与变量地址。而变量值与变量地址是两个不同的概念，变量在内存所占的存储单元中存放的数据称为变量的值；变量在内存所占的存储单元的首地址称为变量的地址。变量的地址只可以存储在指针变量中，通过指针变量来引用地址中的数据。指针变量与其他变量一样，也要先定义后使用。

指针变量定义的一般形式：

```
数据类型  * 指针变量名;
```

【例 2-5】输出变量与指针变量的值。

```
#include   <stdio.h>
 void main()
{
 int a=10;                       /*a 的值为 10，变量 a 的内存地址编号为 1244996*/
     int *p;                     /*定义存放整型变量地址的指针变量 p*/
     p=&a;                       /*将整型变量 a 的地址送给指针变量 p*/
     printf ("a=%d\np=%u\n", a, p); /*分别打印出变量 a 和指针变量 p 中的值*/
}
```

运行结果如图 2-6 所示。

图 2-6 运行结果

本例中打印出的变量 a 和指针变量 p 中的值是不一样的，变量 a 的值为其初值 10，指针变量的值是变量 a 的地址。

任务 2.5 运算符和表达式

运算量和运算符组成了表达式，而表达式是对数据进行操作和处理的基本单位。运算量包括常量与变量，而 C 语言的运算符很多，按运算符的性质分类：算术运算符、关系运算符、逻辑运算符、赋值运算符等。按操作数的个数分类：单目运算符、双目运算符和三目运算符。运算符+运算对象（操作数）=表达式。运算对象可以是常量、变量或子表达式。

任务 2.5.1 算术运算符及表达式

1. 算术运算符

C 语言中各种算术运算符的含义以及使用说明情况见表 2-7。

表 2-7　算术运算符及说明

运算符	含义	举例	结果	说明
+	加法运算符	a+b	a 与 b 的和	从左向右
-	减法运算符	a-b	a 与 b 的差	从左向右
*	乘法运算符	a*b	a 与 b 的乘积	由于键盘无×号，乘法运算以*代替。从左向右
/	除法运算符	a/b	a 除以 b 的商	由于键盘无÷号，除法运算以/代替。注意：两个整数相除的结果为整数，如 3/2 的结果为 1，舍去小数部分。从左向右
%	求余运算符	a%b	a 除以 b 的余数	求余运算%仅用于整数间的运算，若存在负整数，则余数的正负号与被除数相同，如-3%2 的结果为-1。从左向右
++	自增 1 运算符	a++或++a	使 a 的值加 1	++和--为单目运算，且只能用于单一变量运算；从右向左。 ++a 和--a，是在使用 a 之前，先使 a 的值加 1 或减 1。 a++和 a--，是在使用 a 之后，再使 a 的值加 1 或减 1
--	自减 1 运算符	a--或--a	使 a 的值减 1	

2. 自增、自减运算符使用时的注意事项

（1）++和--运算符都是单目运算符，具有右结合性。常量和表达式是不能做增 1、减 1 运算。例如：8++和（m+n）++都是错误的。

（2）++和--运算符既可以作为前缀运算符，也可以作为后缀运算符。假设整型变量 i=3，其运算结果见表 2-8。

表 2-8　运算示例

表达式	计算过程	执行该语句后 res 的值	执行该语句后 i 的值
res=i++;	res=i;　i=i+1;	3	4
res=i--;	res=i;　i=i-1;	3	2
res=++i;	i=i+1;　res=i;	4	4
res=--i;	i=i-1;　res=i;	2	2

（3）i++：使用变量 i 之后，再自身加 1。++i：先自身加 1，再使用变量 i。

（4）良好的程序设计风格提倡在一行语句中，一个变量最多只出现一次增 1 或减 1 运算。例如：（i++）+（i++）+（i++）;属于不良风格。

（5）相同的表达式用不同的编译程序编译时，采用从左向右或从右向左不同的编译顺序，可能会产生不同的运算结果。

【例 2-6】分析程序的运行结果。

```
#include <stdio.h>
void main ()
{   int a=3, b=-5, i=2, j=2;
    printf ("%d, %d, %d, %d,.%d\n", a+b, a-b, a*b, a/b, a%b);
    printf ("%d, %d, %d, %d\n", a++, b--, ++i, --j);
    printf ("%d, %d, %d, %d\n", a, b, I, j);
}
```

运行结果如图 2-7 所示。

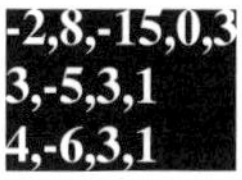

图 2-7　运行结果

程序中的第 1 条 printf 输出语句输出变量 a 和 b 之间的 5 种基本运算，第 2 条 printf 输出语句输出 a、b、i、j 的自增或自减运算，第 3 条 printf 输出语句输出最终的 a、b、i、j 这 4 个变量的值。

2. 算术表达式

用算术运算符和圆括号将运算对象（常量、变量和函数等）连接起来的、符合 C 语言语法规则的式子，称为 C 算术表达式。单个常量、变量或函数，可以看作是表达式的一种特例。例如，数学表达式(2x+3y)/(4xy)，写成 C 语言的算术表达式，应该是(2*x+3*y)/(4*x*y) 或(2*x+3*y)/4/x/y，而不能是(2x+3y)/(4xy)，也不能是 2*x+3*y/(4*x*y)，也不能是(2*x+3*y)/4*x*y。

表达式求值时，按运算符的优先级别高低，按次序执行。算术运算符的优先级是：先乘除，后加减；求余运算的优先级与乘除相同；函数和圆括号的优先级最高。所谓结合性，是指当一个操作数两侧的运算符具有相同的优先级时，该操作数是先与左边的运算符结合，还是先与右边的运算符结合？自左至右的结合方向，称为左结合性；反之，称为右结合性。算术运算符的结合方向是“自左至右”。例如，在执行 a – b+c 时，变量 b 先与减号结合，执行 a – b；然后再执行+c 运算。

【例 2-7】C 语言中的算术表达式不要与数学中的表达式混淆。

（1）错误：4ac, 4 × a × c
　　　正确：4*a*c
（2）错误：1/2+x/y
　　　正确：1.0/2+x/y
（3）错误：[-b+sqrt (b*b-4*a*c)]/(2*a)

```
    正确：(-b+sqrt (b*b-4*a*c))/(2*a)
（4）错误：2πr、2*π*r
    正确：2*3.14159*r   或
          #define  PI  3.14159
          2*PI*r
```

任务 2.5.2　赋值运算符及表达式

1. 简单赋值运算符“=”

赋值符号“=”就是赋值运算符，它的作用是将一个数据赋给一个变量。如 a=1 就是将 1 的值赋给变量 a。由赋值运算符将一个变量和一个表达式连接起来的式子称为赋值表达式。简单赋值运算符“=”属于双目运算符，具有右结合性。赋值表达式的作用是将一个表达式的值赋给一个变量，因此，赋值表达式具有计算和赋值两个功能。例如，“a=4+5”是一个赋值表达式，其求解过程是先求赋值运算符右侧的表达式“4+5”的值（9），然后再将 9 赋给赋值表达式左侧的变量 a。

在赋值表达式后加上分号就构成了赋值语句。例如：a=b=c=0;这条语句是正确的，这是因为既然赋值是运算符，那么多个赋值就可以串联在一起。运算符“=”是右结合的，即“自右向左”进行运算，所以上述赋值表达式等价于：a=(b=(c=0)); 作用是先把 0 赋给 c，再赋给 b，最后赋给 a。简单赋值运算一般格式为：

```
变量名=表达式
```

注意：

（1）“=”可以连用。例如：int a, b, c, d; a=b=c=d=3; 也可以写成：int a=3, b=3, c=3, d=3;，但是不能写成：int a=b=c=d=3;。

（2）赋值号的左边只能是变量，而不允许是算术表达式或常量。例如：45+x=100 和 45=x+y，都是错误的书写方式。

【例 2-8】下面列举一些赋值语句的例子以帮助理解：

```
a=2+(b=3);          /*表达式的值为 5，a 的值为 5，b 的值为 3*/
a=(b=4)+(c=2);      /*表达式的值为 6，a 的值为 6，b 的值为 4，c 的值为 2*/
a=(b=5)/(c=2);      /*表达式的值为 2，a 的值为 2，b 的值为 5，c 的值为 2*/
a=(b=3-2);          /*将 3-2 的值先赋给 b，然后把 b 的值赋给 a，a 和 b 的值都是 1*/
```

2. 复合赋值运算符

在 C 语言中，经常会有利用变量的原有值计算出新值并重新赋值给这个变量的情况。例如，这条 a=a+1；语句就是把变量 a 的值加上 1 后再赋值给它自己。C 语言的复合赋值运算符允许缩短这个语句以及类似的语句。使用“+=”运算符，可以将上面的表达式简写为：

```
a+=1;          /*相当于 a=a+1;*/
```

（1）复合算术赋值运算符包括+=、-=、*=、/=和%=五种。例如：

```
a+=b;          /*相当于 a=a+b;*/
a-=b;          /*相当于 a=a-b;*/
a*=b;          /*相当于 a=a*b;*/
a/=b;          /*相当于 a=a/b;*/
a%=b;          /*相当于 a=a%b;*/
```

（2）5 个涉及位运算：&=、|=、^=、<<=、>>=。

（3）复合赋值运算符的优点：书写简洁，产生的代码短，运行速度快。

复合赋值运算的一般格式为：

```
变量名  复合赋值运算符    表达式
```

【例 2-9】复合赋值运算符的应用。

编程计算：已知 a=12，求表达式 a+=a-=a*a 执行完后 a 的值。

```
void main()
{   int a=12;
    a+=a-=a*a;
    printf ("a=%d\n",a);
}
```

运行结果如图 2-8 所示。

图 2-8　运行结果

课堂练习

（1）简要说明各运算符的优先级与结合性。

（2）编程实现下列表达式。

y=7+3 × 2+5 × 3

y=x%2/5-x;

任务 2.5.3　关系运算符及表达式

在程序中经常需要比较两个量的大小关系，从而决定程序下一步的工作。在 C 语言中，比较两个量的运算符称为关系运算符，用关系运算符将两个数值或数值表达式连接起来的式子称为关系表达式。

1. 关系运算符

C 语言提供的关系运算符有 6 种，包括>、>=、<、<=、==和!=，见表 2-9。

表 2-9 关系运算符的说明

序 号	符 号	功 能	优 先 级
1	>	大于	优先级相同（高）
2	>=	大于等于	
3	<	小于	
4	<=	小于等于	
5	==	等于	优先级相同（低）
6	!=	不等于	

关于关系运算符的几点说明：

（1）C 语言中的小于等于、大于等于、等于、不等于运算符（<=、>=、==、!=）的表示方法与数学中的表示方法不同（≤、≥、=、≠）。

（2）在以上 6 种关系运算符中，前 4 种（>、>=、<、<=）的优先级相同，后 2 种（==、!=）的优先级相同，前 4 种的优先级高于后 2 种。

（3）关系运算符的优先级低于算术运算符，但高于赋值运算符。

（4）关系运算符的结合性为从左到右。

【例 2-10】下面列举一些例子以帮助理解关系运算符的结合性。

```
b<a+2            等效于 b<(a+2)
a<=b!=b>=2       等效于(a<=b)!=(b>=2)
a=b<c            等效于 a=(b<c)
```

C 语言中“==”是关系运算符，用来判断两个数是否相等，请读者注意“==”与等号“=”的区别，例如：x==3 是要判断 x 的值是否为 3，x=3 是使 x 的值为 3。

2. 关系运算表达式

用关系运算符将表达式连接起来的式子称关系表达式。关系表达式既然是表达式，那么就应该有一个值；关系表达式的值是一个逻辑值，即“真”或“假”，关系满足，结果为真；关系不满足，结果为假。例如，关系表达式 3==4 的值为“假”，7<=8 的值为“真”。在 C 语言的逻辑运算中，以“1”代表“真”，以“0”代表“假”。若 a=1，b=1，c=2，则：

（1）关系表达式 a>b 的值为“假”，表达式的值为 0；

（2）关系表达式 a==b 的值为“真”，表达式的值为 1；

（3）关系表达式 a<=b+c 的值为“真”，因为 b+c 的值为 3，所以 a<=3 的值为“真”，表达式的值为 1；

（4）关系表达式 a==c>b 的值为“真”，因为 c>b 的值为 1，等于 a 的值，所以表达式的值为 1；

（5）关系表达式 a=b>c 的值为“假”，因为 b>c 的值为 0，所以赋值后 a 的值为 0，整个表达式的值也为 0。

另外还需注意：

（1）“==”为关系运算符中的等于运算符，“=”为算术运算符中的赋值运算符。

（2）数学中的表达式与 C 语言中的关系表达式的含义不尽相同。例如：已知 a=3，b=2，c=1，a>b>c，在数学中表达式的含义是“a 大于 b，同时 b 又大于 c”；在关系表达式中的含义是：先计算关系表达式 a>b，因 3>2 成立（为真），结果用 1 表示；然后再计算关系表达式 1>c，因 1>1 不成立（为假），所以结果用 0 表示。

课堂练习

（1）若 a=0; b=0.5; x=0.3;则 a<=x<=b 的值为______________。

（2）5>2>7>8 在 C 中是允许的，值为____________。

（3）int i=1, j=7, a; a=i+(j%4!=0); 则 a=___________。

（4）'a'>0 结果为____________。

（5）'A'>100 结果为_________。

任务 2.5.4 逻辑运算符及表达式

有时要求判断的条件是由几个简单条件组合而成的复合条件，例如，前面提到过的“判断 a 的值是否在 c 和 b 之间”，这就需要检查两个条件：一个是 a>c，另一个是 a<b。这就需要用逻辑运算符“与”将两个关系表达式连接起来，组成一个复合条件，如 a>c&&a<b。

1. 逻辑运算符

C 语言中有 3 种逻辑运算符：逻辑与（&&）、逻辑或（||）和逻辑非（!）。逻辑运算符及其对应的功能及说明见表 2-10。

表 2-10 逻辑运算符及其说明

<table>
<tr><th>运算符</th><th>含义</th><th>举例</th><th>说 明</th></tr>
<tr><td>&&</td><td>逻辑与</td><td>a&&b</td><td>双目运算，如果 a 和 b 都为真，则结果为真，否则为假</td></tr>
<tr><td>||</td><td>逻辑或</td><td>a||b</td><td>双目运算，如果 a 和 b 都为假，则结果为假，否则为真</td></tr>
<tr><td>!</td><td>逻辑非</td><td>!a</td><td>单目运算，如果 a 为假，则结果为真；如果 a 为真，则结果为假</td></tr>
</table>

逻辑运算的“真值表”见表 2-11，表示当 a 和 b 的值为不同组合时，各种逻辑运算所得到的值。

表 2-11　各种逻辑运算所得到的值

a	b	!a	!b	a&&b	a||b
真	真	假	假	真	真
真	假	假	真	假	真
假	真	真	假	假	真
假	假	真	真	假	假

2. 优先级及结合性

（1）三种运算符的优先级由高到低依次为：!、&&、||。

（2）逻辑运算符中的“&&”和“||”的优先级低于关系运算符，“!”的优先级高于算术运算符，而关系运算符的优先级低于算术运算符，逻辑运算符与其他运算符优先级的关系如图 2-9 所示。

!（非）（高）⟶ 算术运算符 ⟶ 关系运算符 ⟶ &&和|| ⟶ 赋值运算符（低）

图 2-9　各个运算符的优先级

（3）逻辑运算符中的“&&”和“||”的结合性为从左到右，“!”的结合性为从右到左。例如：

```
a>c&&a<b          等效于(a>c)&&(a<b)
a==b||x>y         等效于(a==b)||(x>y)
a<b||!a           等效于(a<b)||(!a)
a>c&&a<b+c        等效于(a>c)&&(a<(b+c))
2<3&&6>3-!0       等效于(2<3)&&(6>(3-!0))
```

3. 逻辑表达式

由逻辑运算符连接的表达式，称为逻辑表达式。C 语言中，对参与逻辑运算的所有数值，都会在转换为逻辑“真”或逻辑“假”后才参与逻辑运算。如果参与逻辑运算的数值为 0，则把它作为逻辑“假”处理，而将所有非 0 的数值都作为逻辑“真”处理。逻辑运算符两侧的运算对象可以是任何类型的数据，但运算结果一定是整型，并且只有两个值：1 和 0，分别表示“真”和“假”。

【例 2-11】逻辑运算的应用。

编程计算：

（1）设 a=5，b=6，c=7，则“a > b && c > a”表达式的值是多少？

（2）设 d=1，e=6，f=10，则“d == e ||f> e”表达式的值是多少？

```
void main()
{   int a=5, b=6, c=7, d=1, e=6, f=10;
      printf("a > b && c > a=%d\n", a > b && c > a);
      printf("d == e ||f> e=%d\n", d == e ||f> e);
}
```

运行结果如图 2-10 所示。

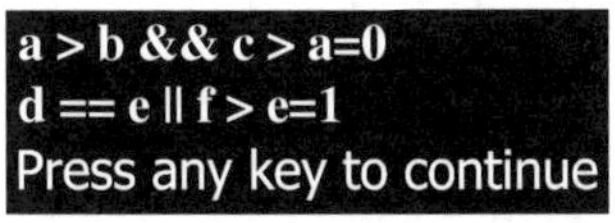

图 2-10　运行结果

短路特性：逻辑表达式求解时，并非所有的逻辑运算符都被执行，只是在必须执行下一个逻辑运算符才能求出表达式的解时，才执行该运算符。

（1）对于逻辑与运算，如果第一个操作对象被判定为“假”，系统将不再判定或求解第二个操作对象。

例如：8<3 && 6>5，先计算 8<3，结果为“假”，系统将不再计算 6>5，整个表达式的结果为“假”。

（2）对于逻辑或运算，如果第一个操作对象被判定为“真”，系统将不再判定或求解第二个操作对象。

例如：8>3 || 6>5，先计算 8>3，结果为“真”，系统将不再计算 6>5，整个表达式的结果为“真”。

【例 2-12】应用逻辑运算解决实际问题的案例。

（1）判断某一字符为大写字母。（设变量 ch 代表“字符”）

```
ch  >='A'&&  ch  <='Z';
```

（2）判断某一年份是否为闰年。闰年的条件是：能被 4 整除但不能被 100 整除，或者能被 400 整除。（设变量 year 代表“年份”）

```
year % 4 == 0 && year % 100！ = 0 || year % 400 == 0；
```

课堂练习

分析程序的运行结果是什么？

```
#include<stdio.h>
void   main()
{ int m=2，n=3，a=1，b=2;
     int x，y;
     x=(m=a>b)&&(n=a<b);
     printf("x=%d, m=%d, n=%d\n", x, m, n);
     y=(m=a>b)||(n=a<b);
     printf("y=%d, m=%d, n=%d\n", y, m, n);      }
```

任务 2.5.5　位运算符和位运算

位运算是 C 语言中比较有特色的功能。所谓位运算是指对字节或字节内的二进制位进行测试、设置或逻辑的运算，例如将一个存储单元中的各二进制位左移或右移一位。

位运算符包括按位与、按位或、按位异或、取反、左移和右移这 6 种，其中只有取反运算是单目运算，其余都是双目运算，且参与位运算的运算量只能是整型或字符型的数据，不能是实型数据。位运算的优先级见表 2-12。

表 2-12　位运算的优先级

运算符	运算	类型	优先级	含义
~	~x	单目	从上到下优先级从高到低 <<和>>的优先级相同	按位取反
<<	x<<y	双目		按位左移
>>	x>>y	双目		按位右移
&	x&y	双目		按位与
^	x^y	双目		按位异或
|	x|y	双目		按位或

1. 左移运算符（<<）

左移运算用来将一个数的各二进制位全部左移若干位，高位左移溢出后舍弃。

一般格式为：

操作数 a<<移位位数 n

功能：各个二进制位顺序向左移动 n 位，右端补 0，高位舍去。

【例 2-13】左移运算：c=a<<2。

```
#include<stdio.h>
void main()
{
    int a=10, c;
    c=a<<2;
    printf("c=%d\n", c);
}
```

运行结果如图 2-11 所示。

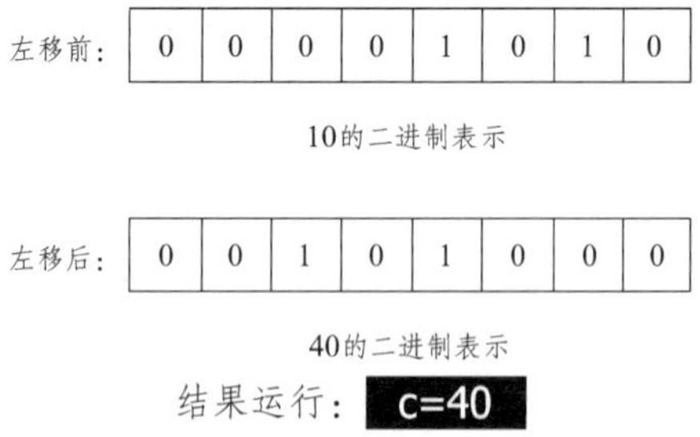

图 2-11　运行结果

按位左移运算的说明：

把“<<”号左边的操作数的各二进制位全部左移若干位（由“左移位数”指定），

高位（左边）丢弃，低位（右边）补 0。

假设参与运算的第一个操作数的长度为 8 位，则：

A 的二进制形式为：01000000，即 64。

A<<1 后的值为：10000000，即 128。

A<<2 后的值为：00000000，即 0。

① 若被移出的高位数中不包含 1，将操作数左移 n 位相当于该数乘以 2^n。

② 若被移出的高位数中包含 1，就不再具有乘以 2^n 的关系了。

2. 右移运算符（>>）

右移运算是将一个数的各二进制位全部右移若干位，右移后，右边移出的位舍弃不用，而左边的填补根据操作数的性质分为以下两种情况。

一般格式为：

```
操作数 a>>移位位数 n
```

功能：各个二进制位顺序向右移动 n 位，右端移出的位舍弃不用，而左边的填补根据操作数的性质分为以下两种情况。

情况 1：该数为无符号数，则高位补 0（即左端补 0）。

【例 2-14】右移运算：c=a>>2。

```
#include<stdio.h>
void main()
{
    int a=15, c;
    c=a>>2;
    printf("c=%d\n", c);
}
```

运行结果如图 2-12 所示。

图 2-12　运行结果

情况 2：该数为有符号数，若原来的符号位为 0（最高位为 0，为正数），则高位补 0。若原来的符号位为 1（最高位为 1，为负数），则高位补 0 或 1 取决于所使用的计算机系统：有的系统补 0，称为逻辑右移；有的系统补 1，称为算术右移。

【例 2-15】有符号数据右移运算。

```
a：1000110110000111
```

```
a>>1: 0100011011000011（逻辑右移）
a>>1: 1100011011000011（算术右移）
```

按位右移运算的说明：

（1）把“>>”号左边的操作数的各二进制位全部右移若干位（由“右移位数”指定），低位（右边）丢弃，高位（左边）补 0。

（2）假设参与运算的第一个操作数长度为 8 位，则：

A 的二进制形式为：00111110，即 62。

A>>1 后的值为：00011111，即 31。

A>>2 后的值为：00001111，即 15。

① 若被移出的低位数中不包含 1，将操作数右移 n 位相当于该数除以 $2n$。

② 若被移出的低位数中包含 1，就不再具有除以 $2n$ 的关系了。

3. “按位与”运算符（&）

参与运算的两个数据，按二进制位进行“与”运算。如果两个相应的二进制位都为 1，则该位的结果值为 1，否则为 0，即 0&0=0，0&1=0，1&0=0，1&1=1。

【例 2-16】“按位与”运算。

```
#include<stdio.h>
void main()
{
    int a=10, b=8, c;
    c=a&b;
    printf("c=%d\n", c);
}
```

运行结果如图 2-13 所示。

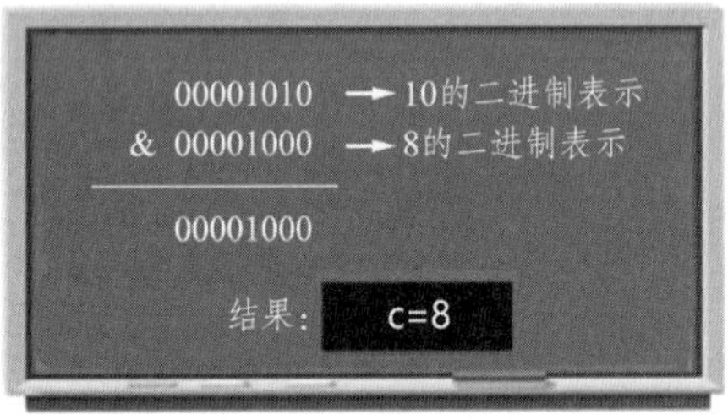

图 2-13　运行结果

4. “按位或”运算符（|）

两个相应的二进制位中只要有一个为 1，该位的结果值就为 1，即 0|0=0，0|1=1，1|0=1，1|1=1。

【例 2-17】“按位或”运算。

```
#include<stdio.h>
void main()
{
```

```
    int a=12, b=9, c;
    c=a | b;
    printf("c=%d\n", c);
}
```

运行结果如图 2–14 所示。

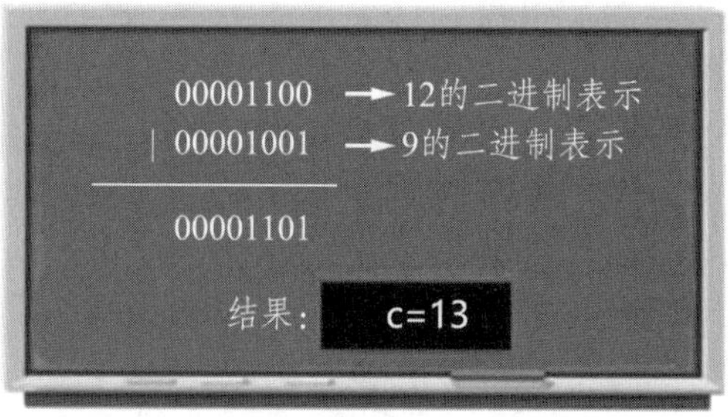

图 2-14　运行结果

5. “异或”运算符（^）

异或运算的规则是：如果参与运算的两个二进制位相同，则结果为 0，不同则为 1，即 0^0=0，0^1=1，1^0=1，1^1=0。

【例 2-18】“异或”运算。

```
#include<stdio.h>
void main()
{
    int a=10, b=8, c;
    c=a ∧ b;
    printf("c=%d\n", c);
}
```

运行结果如图 2–15 所示。

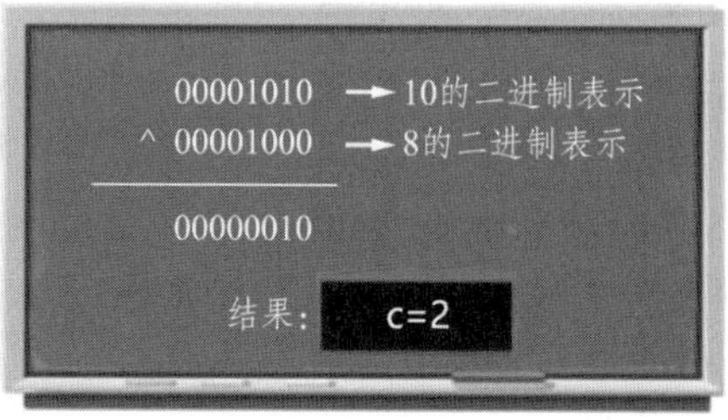

图 2-15　运行结果

6. “取反”运算符（~）

取反运算是一个单目运算符，用来对一个二进制数按位取反，即将 0 变为 1，将 1 变为 0，即~0 =1，~1=0。

【例 2-19】“取反”运算。

```
#include<stdio.h>
```

```
void main()
{
    int a=10, c;
    c=~a ;
    printf("c=%d\n", c);
}
```

运行结果如图 2-16 所示。

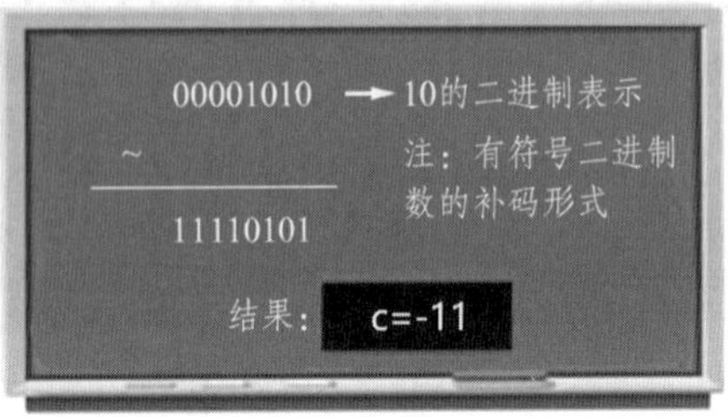

图 2-16　运行结果

正数的补码，是其本身。负数的补码，就用它的正数，减 1 取反，即可得到补码。所以本例中先将 10 转换为二进制数为 00001010，再将其按位取反为 11110101，11110101 最高位是 1 表示是一个负数，然后再将 11110101 转换为十进制数-11（计算过程：减 1：11110101-1= 11110100 将 11110100 取反得 0001011=$(11)_{10}$）。

7. 复合赋值运算符

位运算与赋值运算符可以组成复合赋值运算符，包括&=，|=，>>=，<<=，^=。例如，a&=b 相当于 a=a&b，a<<=4 相当于 a=a<<4。

课堂练习

（1）若有以下程序段：int m=8, n=12, printf("%d\n", m&n);，输出结果为（　　）。

A. 16　　B. 8　　C. 4　　D. 2

（2）若有以下程序段：int m=8, n=12; printf（"%d\n", m|n）;，输出结果为（　　）。

A. 16　　B. 12　　C. 4　　D. 8

（3）若有以下程序段：int r=8; printf ("%d\n", r>>1);，输出结果为（　　）。

A. 16　　B. 4　　C. 8　　D. 12

任务 2.5.6　杂项运算符

1. 条件运算符与条件表达式

如果在条件语句中，只执行单个的赋值语句时，常可使用条件表达式来实现。不但使程序简洁，也提高了运行效率。“？ ：”为条件运算符。条件运算符有 3 个操作数。

一般格式为：

<表达式 1>? <表达式 2>: <表达式 3>

（1）表达式 1：是一个关系表达式或逻辑表达式，用作判断条件。

（2）表达式 2：是一个合法的 C 语言表达式。

（3）表达式 3：也是一个合法的 C 语言表达式。

（4）条件运算符是 C 语言中唯一的一个三目运算符。

（5）条件表达式(表达式 1？ 表达式 2: 表达式 3)的执行过程如下：

① 求第一个表达式的值。

② 当第一个表达式的值不为 0 时，求第二个表达式的值；当第一个表达式的值为 0 时，求第三个表达式的值。

③ 条件表达式的结果是上步所求的第二个或第三个表达式的值。

例如：x>y?100:500

求两个变量中的最大值：max=a>b?a:b；

求两个变量中的最小值：min=a<b?a:b；

课堂练习

若有 a=2, b=3，则表达式 a>b? a:b 的值为多少呢？

2. 逗号运算符与逗号表达式

C 语言把逗号“,”也作为运算符。用逗号运算符将几个表达式连接在一起就构成逗号表达式。在使用过程中应注意以下几个问题：逗号运算符的优先级在所有的运算符中是最低的，处于赋值运算符之后。它的结合性为从左到右；逗号运算符的功能是从左到右依次计算各个表达式的值，因此，逗号运算符也称顺序运算符；逗号表达式的值是逗号表达式中最右边的表达式的值。

逗号表达式格式如下：

表达式 1，表达式 2，…，表达式 *n*

逗号表达式按照从左到右的顺序逐个求解表达式，而整个逗号表达式的值就是表达式 *n* 的值。

例如：

```
a=1, ++a, a+10;
```

① 求解表达式 1，a 的值被赋值为 1。

② 求解表达式 2，表达式 2 的++a 的值为 2，a 的值也为 2。

③ 求解表达式 3，a+10 的值为 12。

所以，整个逗号表达式的结果，为表达式 3 的结果，即 12。

下面再来分析如下两个表达式：

① x = a = 3, 6*a

② x =(a = 3, 6*a)

表达式①是逗号表达式，变量 x 和变量 a 的值都是 3，而逗号表达式的值为 18。

表达式②是赋值表达式，赋值表达式的右侧为一个逗号表达式。先计算逗号表达式(a=3, 6*a)的值，计算得到 18，变量 a 的值为 3，变量 x 的值为 18。

3. sizeof 运算符及其表达式

求字节数运算符 sizeof 是一个比较特殊的单目运算符，sizeof 运算符也称为取长度运算符，用它可以求各种数据类型所占的字节数。某一个数据类型在不同的计算机系统中可能占有不同长度的内存空间，使用求字节数运算符 sizeof，就可以了解在自己所使用的计算机系统中，各种数据类型所占用的内存空间大小。

格式如下：

```
sizeof（操作数）
```

操作数可以是一个数据类型，一个变量或是一个表达式。

【例 2-20】sizeof 运算符的应用。

```
#include <stdio.h>
int main()
{
    int i，j，k，l，m;
    i=sizeof(int);
    j=sizeof(float);
    k=sizeof(char);
    l=sizeof(double);
    m=sizeof(long int);
    printf(“%d，%d，%d，%d，%d\n”, I, j, k, l, m);
    return 0;
}
```

运行结果如图 2-17 所示。

```
4,4,1,8,4
```

图 2-17　运行结果

本程序测试了各种不同的数据类型在内存中的空间大小，不同系统中的 float 型和 int 型数据所占字节数不一定，据具体系统而定。

任务 2.6　数据类型转换

在 C 语言中，整型、实型和字符型数据之间可以混合运算。如果一个运算符两侧操作数的数据类型不同，则系统按“先转换、后运算”的原则，首先将数据自动转换为同一类型，然后在同一类型数据间进行运算。有两种转换方式：自动转换和强制转换。

任务 2.6.1　自动转换

自动转换就是系统根据规则自动地将两个不同数据类型的运算对象转换为同一数据

类型。自动转换又称隐式转换。自动转换的规则如图 2-18 所示。

在图 2-18 中，横向向右的箭头表示的是必须转换。char 和 short 型必须转换成 int 型参与运算，float 型必须转换成 double 型参与运算（即使是两个 float 型数据相加，也要先转换成 double 型，然后再相加）。

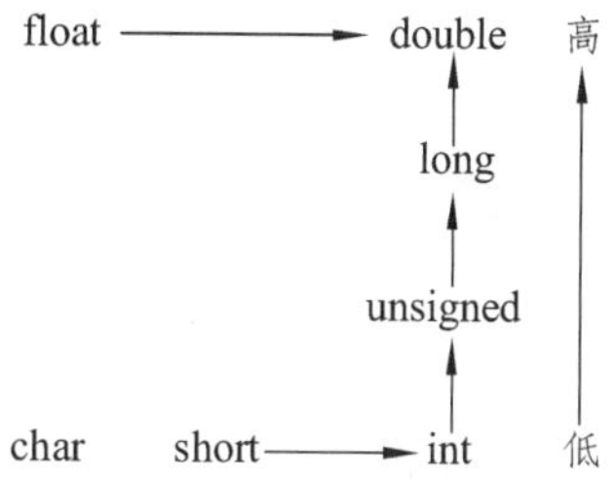

图 2-18　数据类型自动转换

在图 2-18 中，纵向箭头表示的是当运算对象为不同类型时转换的方向。例如，若 int 型与 double 型数据进行混合运算，则先将 int 型数据转换成 double 型，然后进行运算，结果为 double 型。纵向箭头的方向只是表示数据类型的高低，由低向高转换，不要理解为 int 型先转换成 unsigned 型，然后再转换成 long 型，然后再转换成 double 型。

自动转换只是针对一个运算符两侧的两个运算对象，而不能对表达式中的所有运算符涉及的运算对象做一次性的自动转换。例如，表达式 6.0/5+4.32 和表达式 6/5+4.32，前者的值是 5.52，后者的值是 5.32。因为 6.0/5 是先将 5 转换成实型后再进行运算，值是 1.2，然后与 4.32 相加，值是 5.52。而 6/5 是按 int 型运算，值是 1，再与 4.32 相加，值是 5.32；不要理解成将 6/5+4.32 中的每个数都转换成实型后再运算。

自动转换遵循三个基本规则：

（1）如果参与运算的变量类型不同，则先转换成同一类型，然后再进行运算。

（2）“低级向高级转换”原则。例如：

```
int a=1, d;            /*定义整型变量 a、d*/
float b=2.1;           /*定义单精度型变量 b*/
double c=3.3;          /*定义双精度型变量 c*/
d=a+b+c;
```

则计算 a+b+c 时，先将变量 a 和变量 b 都转成 double 型，然后再计算，所得结果为 double 型。

（3）赋值运算两边的数据类型不同时，赋值号右边量的类型将转换为左边量的类型。

```
d=a+b+c;
```

d 得到的值 6 仍为整型。因为右边量的数据类型高于左边，故会丢失一部分数据（只保留整数部分）。

任务 2.6.2　强制转换

编写程序时，可以利用强制类型转换运算符将一个表达式的值转换成所需类型。

强制转换的格式如下：

```
（类型标识符）（表达式）
```

【例 2-21】强制转换示例。

```
(float)a              /*将 a 转换成 float 型，注意不能写成 float(a)。*/
(int)2.6              /*将 2.6 转换成 int 型，浮点型数据强制类型转换为整型数据时，截取浮点数的小数部分，保留整数部分，而不是四舍五入，所以结果为 2。*/
(double)(15%6)        /*将 15%6 的值转换成 double 型。*/
(float)(x+y)          /*将 x+y 的值转换成 float 型，注意不能写成(float)x+y。因为算术运算符的优先级要小于强制类型转换运算符，表达式的括号不能省略。*/
double a=3.14; int b; b=(int)a;   /*对变量进行强制转换后，变量本身的数据类型不变，而是得到一个所需要类型的数据，所以结果为 a=3.14，  b=3。*/
```

任务 2.7 算法与结构化程序设计

我们说做任何事情都需要一定的方法和步骤。例如，用手机在某网上商城购买一本书，方法和步骤为：打开网上商城 App→搜索书→加入购物车→结算→填写送货地址→提交订单→完成付款。这些步骤都是按一定的顺序进行的，缺一不可。在这里，我们把为解决一个问题而设计的方法和步骤称为“算法”。

任务 2.7.1 算法的概念

程序设计语言是由描述数据和算法所构成。程序设计的目的是要进行数据的处理。对于计算机程序可处理的问题来说，程序中所用到的数据以及对这些数据的类型和数据组织形式的描述称之为“数据结构”。对数据处理所采用的方法和步骤等操作的描述称为“计算机算法”。计算机算法可分为数值运算算法和非数值运算算法。计算机科学家沃思（N. Wirth）曾提出过一个经典公式：数据结构+算法=程序。数据结构主要是对数据的描述。算法主要是对操作的描述。一个程序除了算法和数据结构这两个主要要素外，还应当采用结构化程序设计方法进行程序设计，并且用某一种计算机语言表示。算法、数据结构、程序设计方法和语言工具是一个程序设计人员应具备的知识。算法是解决“做什么”和“怎么做”的问题，程序中的操作语句，是算法的体现，不了解算法就谈不上程序设计。

任务 2.7.2 算法的表示

对于一个问题的求解步骤，需要一种表达方式，即算法的表示，也称算法的描述。表示一个算法，可以用不同的方法，常用的方法有自然语言、流程图和 N-S 流程图等。

1. 自然语言

自然语言就是人们日常使用的语言，可以使用汉语、英语或者其他语言。用自然语言表示的算法通俗易懂，易于理解，下面通过几个实例来具体介绍。

【例 2-22】根据正方形的边长 a，计算正方形的周长 L 和面积 S。

用自然语言方式表示如下：

第一步，输入正方形的边长 a 的值。

第二步，利用公式 L=4×a 计算出周长。

第三步，利用公式 S=a×a 计算出面积。

第四步，输出周长 L 和面积 S 的值。

2. 流程图

流程图是用一些图框来表示各种操作，用流程线来表示算法的执行方向。用图形表示算法，直观形象，易于理解。

1）流程符号

美国国家标准化协会 ANSI 规定了一些常用的流程图符号，见表 2-13。起止框用来标识算法的开始和结束；输入/输出框用来标识算法中数据的输入和输出；判断框的作用是对一个给定的条件进行判断，根据条件是否成立来决定如何执行后续操作；处理框用来标识算法中的具体处理步骤；流程线的作用是指出算法的执行流程；连接点是将画在不同地方的流程线连接起来；注释框不是流程图的必要部分，不反映流程和操作，只是为了对流程图中某些框的操作做必要的补充说明，以帮助读者更好地理解。

表 2-13　流程符号及说明

符号	名称	含义	符号	名称	含义
	起止框	算法的起点和终点，是任何流程图必不可少的	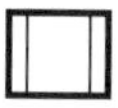	特定过程	一个特定过程，如函数
	输入、输出框	数据的输入和输出操作		流程线	连接各个图框，表示执行的顺序
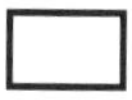	处理框	各种形式数据的处理		连接点	表示与流程图其他部分相连
	判断框	判断条件是否成立，成立时在出口处标注“是”或“Y”，不成立时标注“否”或“N”			

2）三种基本结构

1966 年，Bohra 和 Jacopini 为了提高算法的质量，经研究提出了三种基本结构，分别是顺序结构、选择结构和循环结构。任何一个算法都可以用这三种基本结构组成，这三种结构之间可以并列，可以相互包含，但是不允许交叉。

（1）顺序结构：指算法的实现过程按照相应的步骤依次顺序执行，直至结束。顺序结构是最简单的一种基本结构。如图 2-19 所示，在执行完 A 框中指定的操作后执行 B 框中指定的操作。

例：使用顺序结构的流程图描述算法：输入圆的半径，计算圆的面积，如图 2-19（b）所示。

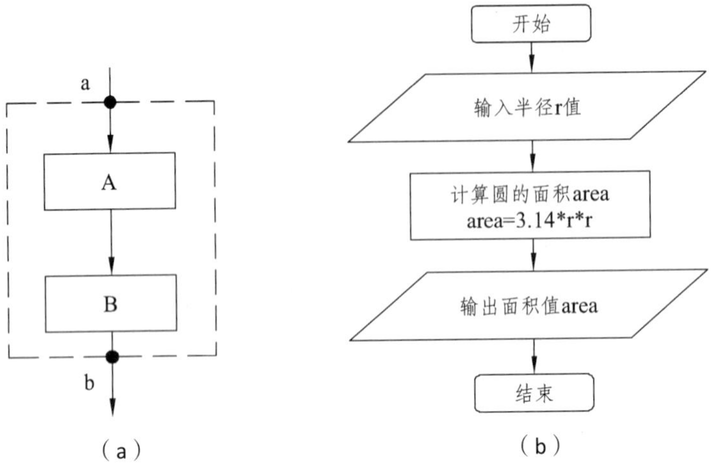

图 2-19　顺序结构

（2）选择结构：又称为分支结构，此结构中必包含一个条件判断，根据判断结果从两种或多种路径中选择其中的一条执行。如图 2-20 所示。在选择结构中必包含一个判断框，根据判断条件 P 是否成立而选择执行 A 框或 B 框。判断条件如 x>y，x>0 等。A 框或 B 框中可以有一个是空的，表示不执行任何操作，如图 2-20（b）所示。

例：使用选择结构的流程图描述算法：输入圆的半径，计算圆的面积，如图 2-20（c）所示。

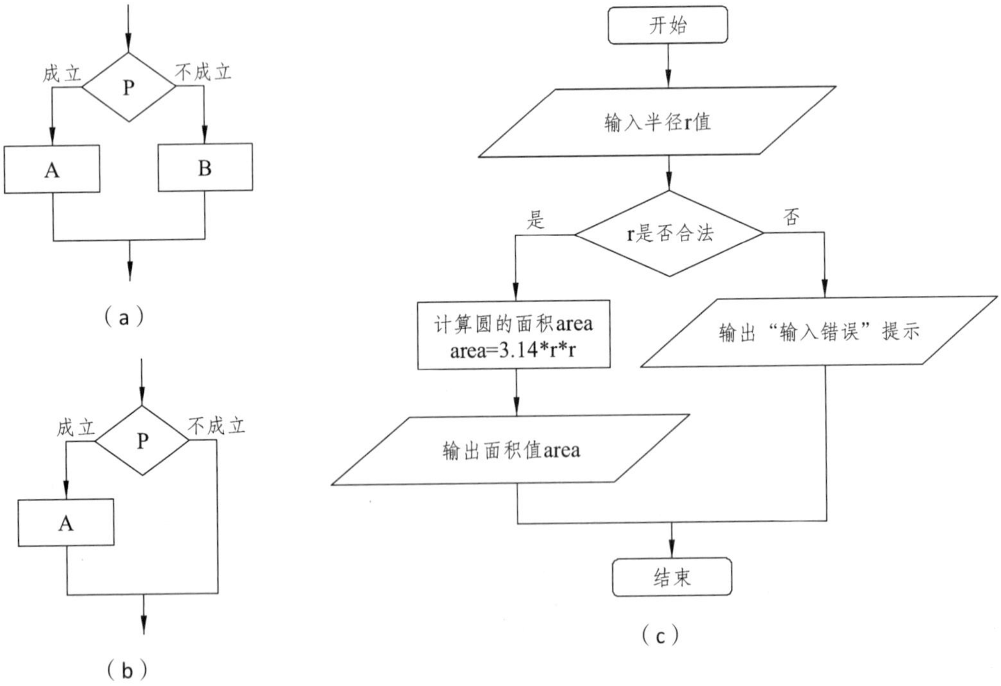

图 2-20　选择结构

（3）循环结构：又称重复结构，即反复执行某一部分的操作，直到条件不成立时终止循环。按照判定条件出现的位置不同，可将循环结构分为当型循环结构（见图 2-21）和直到型循环结构（见图 2-22）。

当型循环结构如图 2-21 所示，先判断循环条件 P 是否成立，如果成立则执行 A 框中指定的操作，执行完 A 框后再判断循环条件 P 是否成立，如果成立，接着执行 A 框。如此反复，直到循环条件 P 不成立为止，结束循环。

直到型循环结构如图 2-22 所示，先执行 A 框中指定的操作，然后判断循环条件 P 是否成立，如果成立再执行 A 框，然后再判断循环条件 P 是否成立，如果成立，接着再执行 A 框。如此反复，直到循环条件 P 不成立为止，结束循环。

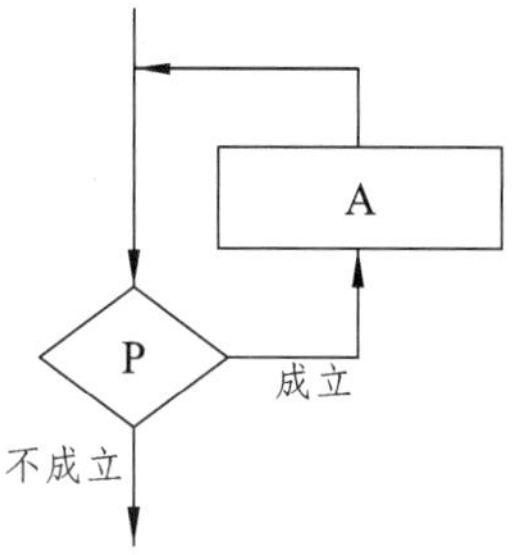

图 2-21　当型循环结构

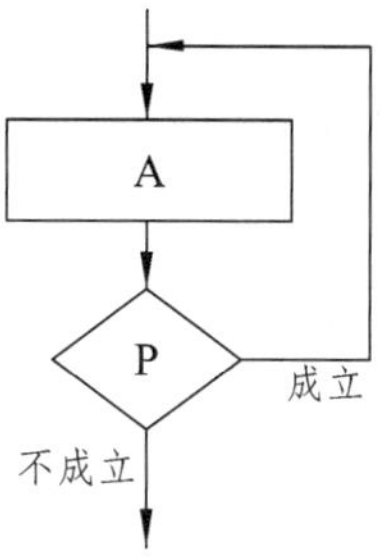

图 2-22　直到型循环结构

例：使用循环结构的流程图描述算法：输入圆的半径，计算圆的面积，如图 2-23 所示。

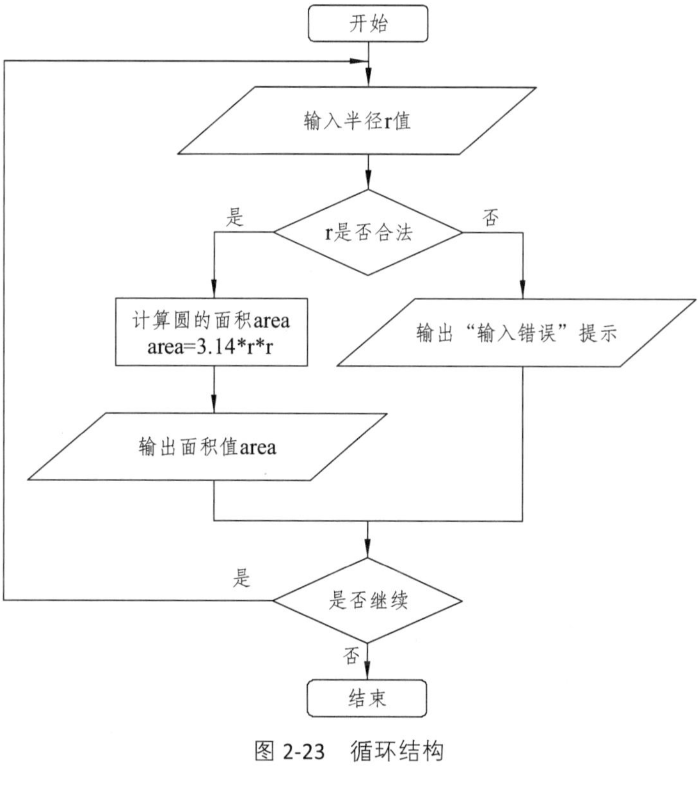

图 2-23　循环结构

任何一个复杂的算法都可以由这三种基本结构组成，可以是一个简单的操作，也可以是多个操作，也可以是三种基本结构之一，也就是说三种基本结构之间可以相互包含。

3. N-S 流程图

N-S 流程图又称盒图，是由美国学者 I. Nassi 和 B. Shneiderman 提出的，故以他们姓氏的首字母命名。他们认为既然任何算法都是由前面介绍的三种基本结构组成的，那么各基本结构之间的流程线就是多余的。因此在 N-S 流程图中完全去掉了流程线，全部算法都写在一个大矩形框内，这个大矩形框又由若干个小的基本框图构成。同样，N-S 流程图也包括顺序、选择和循环三种基本结构。

1）顺序结构

顺序结构的 N-S 流程图如图 2-24（a）所示，它表示顺序执行 A 框和 B 框。

例：根据正方形的边长 a，计算正方形的周长 L 和面积 S，如图 2-24（b）所示。

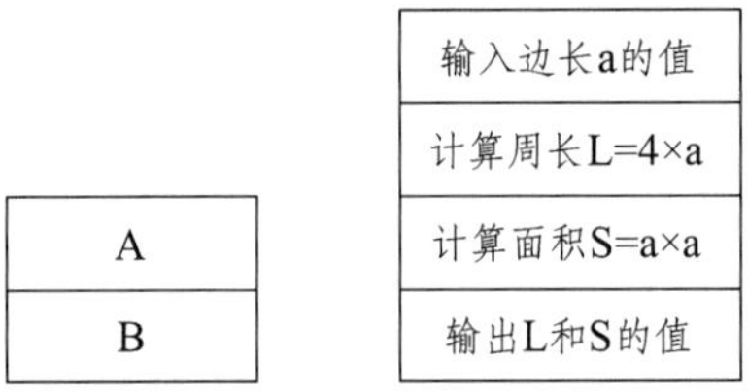

（a）　　（b）

图 2-24　顺序结构的 N-S 流程图

2）选择结构

选择结构的 N-S 流程图如 2-25（a）所示，它表示先判断条件 P，当条件成立时执行 A 框，不成立时执行 B 框。

例：输入任意两个数 x 和 y 的值，求两数中较大的值 max，如图 2-25（b）所示。

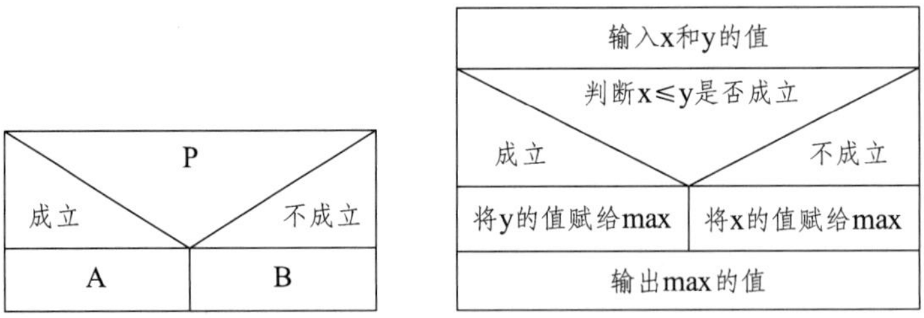

（a）　　（b）

图 2-25　选择结构的 N-S 流程序图

3）循环结构

当型循环结构用图 2-26（a）所示的形式表示，当 P 成立时，循环执行 A；直到型循环结构用图 2-26（b）所示的形式表示，循环执行 A，直到 P 成立为止。

例：求 S=1+2+3+…+n 的值。当循环如图 2-26（c）所示，直到循环如图 2-26（d）所示。

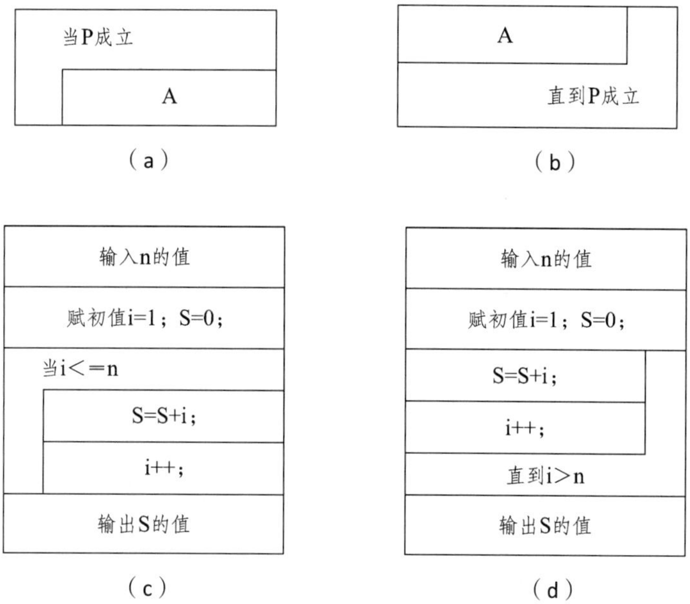

图 2-26　循环结构的 N-S 流程图

任务 2.7.3　结构化程序设计原则

1. 自顶向下

程序设计时，应先考虑总体，后考虑细节；先考虑全局目标，后考虑局部目标。不要一开始就过多追求细节，先从最上层总目标开始设计，逐步使问题具体化。

2. 逐步细化

对复杂问题，应设计一些子目标作为过渡，逐步细化。

3. 模块化设计

一个复杂问题，肯定是由若干稍简单的问题构成。模块化是把程序要解决的总目标分解为子目标，再进一步分解为具体的小目标，把每一个小目标称为一个模块。

4. 限制使用 goto 语句

取消 goto 语句后，程序易于理解、易于排错、易于维护，易于进行正确性证明。

项目考核

一、选择题

1. 若有定义：int m=7; float x=2.5, y=4.7；则表达式 x+m%3*(int)(x+y)%2/4 的值是（　　）。

A. 2.500000　　B. 2.750000　　C. 3.500000　　D. 0.000000

2. 表达式 13/3*sqrt（16.0）/8 的数据类型是（　　）。

A. int　　B. float　　C. double　　D. 不确定

3. 以下符合 C 语言语法的赋值表达式是（　　）。

A. a=9+b+c=d+9　　B. a=(9+b, c=d+9)

C. a=9+b, b++, c+9　　D. a=9+b++=c+9

4. 若 x 为 int 型变量，则执行以下语句:x=6; x+=x-=x*x；后，x 的值为（　　）。

A. 36　　B. -60　　C. 60　　D. -24

5. 如果 i=3，则 k=i++，执行过后 k，i 的值为（　　）。

A. 3，3　　B. 3，4　　C. 4，3　　D. 4，4c

6. 若变量已正确定义并赋值，符合 C 语言语法的表达式是（　　）。

A. a=a+7;　　B. a=7+b+c，a++

C. int(12.3%4)　　D. a=a+7=c+b

7. 以下中叙述中正确的是（　　）。

A. a 是实型变量，C 允许进行赋值 a=10，但不可以这样说：实型变量中允许存放整型值

B. 在赋值表达式中，赋值号左边既可以是变量也可以是任意表达式

C. 执行表达式 a=b 后，在内存中 a 和 b 存储单元中的原有值都将被改变，a 的值已由原值改变为 b 的值，b 的值由原值变为 0

D. 已有 a=3, b=5，当执行了表达式 a=b, b=a 之后，使 a 中的值为 5，b 中的值为 3

8. 下面程序的输出结果是（　　）。

```
mian()
{int x=2, y=0, z;
 x*=3+2; printf("%d", x);
 x*=y=z=4; printf("%d", x);
}
```

A. 8 40　　B. 10 40　　C. 10，4　　D. 8，4

9. 若已定义 x 和 y 为 double 类型，则表达式:x=1，y=x+3/2 的值为（　　）。

A. 1　　B. 2　　C. 2.0　　D. 2.5

10. 如果 int i=3，则 printf("%d", -i++)的结果为()，i 的值为（　　）。

A. -3，4　　B. -4，4　　C. -4，3　　D. -3，3

二、判断题（正确打 T，错误打 F）

（　　）1. ++、--运算符是单目运算符，运算对象只能变量，不能是常量和表达式。

（　　）2. ++和--运算符的结合方向是“自右至左”。

（　　）3. 用逗号将表达式连接起来的式子称为逗号表达式。

（　　）4. 逗号运算符的结合性为从左到右，因此逗号表达式将从左到右进行运算。

（　　）5. 在所有运算符中，逗号运算符的优先级别最低。

（　　）6. 逗号运算表达式：i=3, i++, ++i, i+5;，计算后表达式的值为 8。

（　　）7. 已知 j=3; k=++j-1，则 k 的值为 3。

（　　）8. 赋值运算符的左侧只能是变量不能是常量或表达式。

（　　）9. 赋值号右边的表达式也可以是一个赋值表达式，如 a=b=7+1。

（　　）10. 在赋值运算符”=”之前加上其他运算符可以构成复合赋值运算符。

三、简答题

1. 基本数据类型有哪些？

2. 简要说明各类运算符的优先级。

3. 算法的表示方法有哪些？

四、算法描述（绘制流程图）

1. 计算 1*2*3*4*5。

（1）自然语言表示法；

（2）流程图法；

（3）N-S 图表示法。

2. 判断某一年份是否是闰年。

判断某一年份是闰年的条件是：

（1）能被 4 整除，但是不能被 100 整除，则这一年份是闰年；

（2）能被 100 整除，又能被 400 整除的，则这一年份是闰年。其他的年份都不是闰年，假设用一个空间 y 来存放被校验的年份。

项目实训

1. 编写程序：有人用温度计测量出用华氏法表示的温度（如 f），今要求把它转换为以摄氏法表示的温度（如 c），f 代表华氏温度，c 代表摄氏温度。转换公式如下：

$$c=\frac{5}{9}(f-32)$$

要求：① 画出程序流程图。

② 写程序代码。

2. 编写程序：判断某一年份是否为闰年。闰年的条件是：能被 4 整除但不能被 100 整除，或者能被 400 整除。（设变量 year 代表“年份”）。

要求：使用条件表达式编写程序。

条件表达式格式如下：

<表达式 1>? <表达式 2>: <表达式 3>

参照如图 2-27 所示的运行结果，编写程序：

（a）　　（b）

图 2-27　运行结果

3. 假设银行定期存款的年利率是 3.25%，并已知存款期限为 n 年，存款本金为 x 元，编写程序计算 n 年后得到的本利之和，要求分别使用单精度型和双精度型数据计算。

分析：

（1）利用公式“sum=x*(1+0.0325)n”计算 n 年后的本利之和。定义变量 x 和 n 分别保存本金和存款年限。

（2）pow() 函数：

头文件：#include <math.h>;

pow() 函数用来求 x 的 y 次幂（次方）

pow() 函数的声明为：double pow(double x, double y);

pow() 用来计算以 x 为底的 y 次方值，然后将结果返回。设返回值为 ret，则 ret = xy。

4. 用递推法求 Fibonacci 数列的前 20 项，按照每行 4 项进行输出。

（1）斐波那契数列的发明者是意大利数学家列昂纳多·斐波那契。

（2）斐波那契数列又因其以兔子繁殖为例而引入，故又称“兔子数列”。

（3）问题是这样给出的：

① 有一对兔子，从出生后第 3 个月起生一对兔子；小兔子长到第 3 个月后每个月又生一对兔子；假设所有兔子都不死。

② 第 1 个月兔子没有繁殖能力，所以还是一对兔子。

③ 第 2 个月还是一对兔子。

④ 第 3 个月，老兔子生下一对兔子，共有两对兔子。

⑤ 第 4 个月，老兔子又生下一对兔子，因为小兔子还没有繁殖能力，所以一共是三对兔子。

⑥ 以此类推，Fibonacci 数列为：1，1，2，3，5，8，13，21，34，…

不难发现：

$$
\begin{aligned}
f_1 &= 1 \\
f_2 &= 1 \\
f_3 &= f_1 + f_2 \\
f_4 &= f_2 + f_3 \\
&\vdots \\
f_n &= f_{n-2} + f_{n-1}
\end{aligned}
$$

可以用如下递推公式求它的第 n 项：

$$
\begin{cases}
f_1 = 1 & n = 1 \\
f_2 = 1 & n = 2 \\
f_n = f_{n-2} + f_{n-1} & n \geqslant 3
\end{cases}
$$

为了设计方便，我们只使用三个变量 f1，f2，f3。

在开始时：

f1 代表第 1 个月的兔子数；

f2 代表第 2 个月的兔子数；

f3 代表第 3 个月的兔子数，所以 f3=f1+ f2 。

求第 4 个月的兔子数时：需要的是第 2 和第 3 个月的兔子数，此时可以：

把 f2（第 2 个月的兔子数）赋给 f1；

把 f3（第 3 个月的兔子数）赋给 f2；

所以第 4 个月的兔子数 f3 还是等于 f1+ f2。

以此类推，算法就可表示出来了。

算法可表示如下：

（1）让 f1=1，f2=1 。

（2）输出 f1 和 f2。

（3）引入循环变量初始值 i=3。

（4）当 i 的值小于等于 20 成立时，计算 f3=f1+ f2，并输出 f3 的值，否则执行（8）。

（5）判断 i 的值是否是 4 的倍数，如果是，则输出换行符（其目的是按照每行 4 项进行输出）。

（6）此后 f1 的值不再需要，将 f2 的值赋给 f1，将 f3 的值赋给 f2。

（7）i 的值加 1，跳到（4）继续执行。

（8）结束。

项目 3　顺序结构程序设计

项目导读

从项目 2 中我们了解到，无论多么复杂的程序，都可分解为顺序、选择、循环这三种基本结构，而顺序结构是三种结构中最基本、最简单的结构，它按照语句的先后顺序依次执行。此外，很多程序运行时都需要输入和输出数据，此时就要用到 C 语言提供的输入语句和输出语句了。

本项目首先介绍了顺序结构的概述，然后介绍了 4 种常用的输入输出函数，每一个输入输出函数都给出了相应的例子，让读者学会用简单的 C 语句进行顺序结构程序设计。

学习目标

- 了解顺序结构的基本知识；
- 掌握格式输入输出函数的使用方法；
- 掌握字符输入输出函数的使用方法；
- 掌握编写简单顺序结构程序的方法。

任务 3.1　顺序结构的概述

C 语言中的语句是用来向计算机系统发出操作指令的，所以说，语句是用来完成一定操作任务的。一个实际的程序应该包含若干条语句。

1. 顺序结构的定义

顺序结构即按照解决问题的顺序写出相应的语句，它的执行顺序是自上而下，依次执行。

2. 顺序结构程序编写的步骤

例如：某超市举行店庆活动，所有商品 9.5 折销售。根据商品单价 p，计算商品实付金额 c。试分析，通过编程解决该问题需要哪三个步骤：

（1）输入<u>价钱</u>；

（2）计算<u>金额</u>；

（3）输出 账单 。

通过某超市举行店庆活动的实例，可以知道通过编程解决该问题需要三个步骤：输入价钱、计算金额和输出账单，将其换成 C 语言程序的说法依次为数据输入、数据处理和数据输出。

这里的数据输入、数据处理和数据输出就构成了一般意义上的顺序结构程序处理过程，如图 3-1 所示。数据输入即准备好程序要处理的原始数据，如商品价格、取款密码等；数据处理即对输入的原始数据进行处理，如计算应付金额、验证密码是否正确；数据输出即通过屏幕显示等方式输出处理结果，如显示付款账单、打印购物小票等。

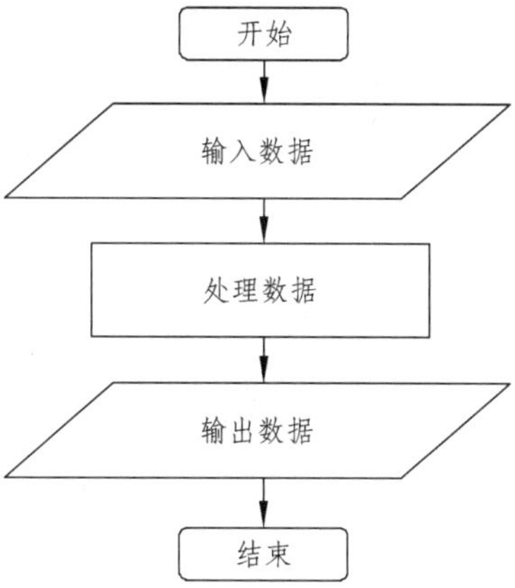

图 3-1　顺序结构程序处理过程

3. 顺序结构程序编写的执行特点

自上而下按顺序执行。

4. C 语言数据的输入和输出

（1）程序获得输入数据的方式：键盘、文件。

（2）程序输出数据的方式：屏幕、文件。

【例 3-1】数据输入和数据输出的方式。

```
#include “stdio.h”
int   main( )
{     ……
      scanf(“%d%d”, &a, &b);
       ……
       printf(“Hello!\n”);
       ……
       return 0;
}
```

本例数据的输入方式是利用语句 scanf(“%d%d”, &a, &b); 将所需数据通过键盘输入编译系统；利用语句 printf(“Hello!\n”); 输出程序中需要打印的数据到显示器上。本项目中只介绍通过键盘输入数据的方式。

【例 3-2】假设 a 的值为 4，b 的值为 7，交换 a 与 b 的值，并输出。

```
#include "stdio.h"
void main( )
{   int a, b, c;
      printf (“input two numbers:”);
      scanf (“%d%d”, &a, &b);
      printf(“a=%d, b=%d\n”, a, b);               /*输出交换之前变量的值*/
      c=a;a=b;b=c;                                 /*交换处理*/
      printf (“a=%d, b=%d\n”, a, b);              /*输出交换之后变量的值*/
}
```

运行结果如图 3–2 所示。

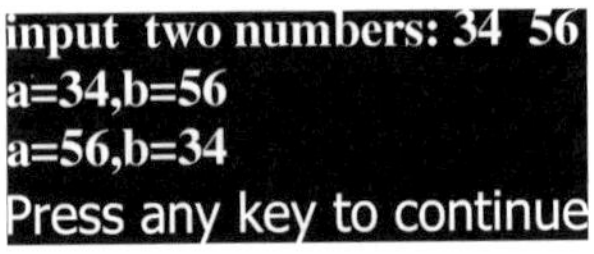

图 3-2　运行结果

本例中第一个 printf 起提示作用，第二个 printf 打印交换前 a、b 的值，第三个 printf 打印交换后 a、b 的值，scanf 从键盘输入交换前 a、b 的值。

课堂练习

程序编写：某超市举行店庆活动，所有商品 9.5 折销售。根据商品单价 p（请使用键盘输入单价），编程计算商品实付金额 c。

任务 3.2　格式化输出 printf 函数

C 语言本身没有提供输入输出语句，输入和输出操作由 C 函数库中的函数来实现。在使用系统库函数时，要使用预编译命令“#include”将有关的“头文件”包含进来。本节将介绍最常用的标准输入输出函数——格式输入输出函数，这些函数包含在“stdio.h”文件中，故在程序开头应该添加预编译命令：#include<stdio.h>或#include"stdio.h"。

在前面各项目中已多次用到了 printf 函数（格式输出函数），它的作用是将指定的数据按指定的格式输出到显示器上。

任务 3.2.1　printf 函数格式

【例 3-3】计算并输出半径为 r 的圆的面积。

```
#include <stdio.h>
void main( )
{   float r, area;

    printf("请输入半径:" );          格式化输出函数输出字符串
    scanf("%f", &r);
    area=3.14*r*r;                    格式化输出函数输出指定格式
    printf("该圆的面积为：%f.\n", area);
}
```

本例中可以看出 printf 函数能够按指定格式和类型输出变量的值，或者原样输出一行字符串。具体格式如下：

“字符串常量”原样输出格式为：

```
printf("字符串常量");
```

格式化控制输出格式：

```
printf("格式控制字符串", 输出项列表);
```

任务 3.2.2　格式说明

1. 格式控制字符串

（1）用双引号括起来的字符串，也称为转换控制字符串。

（2）包括“格式控制符”和“普通字符”。

（3）“格式控制符”由%开头。

（4）“普通字符”按原样输出。

2. 输出值参数表

（1）也称为输出项列表，可以有多个输出值。

（2）输出项之间用逗号隔开。

（3）输出项可以是常量、变量及表达式。

（4）输出项个数与格式控制符个数相同，输出值参数类型应与格式转换说明符相匹配。

任务 3.2.3　格式字符说明

1. 常用的格式字符

在 printf( )命令里，不同类型的数据内容，其输出格式字符也不相同。表 3-1 列出了 printf( )函数常用的格式字符。

表 3-1 printf()函数常用的格式字符

格式字符	说明	格式字符	说明
%d	以带符号的十进制整数形式输出	%o	以八进制无符号形式输出整数（不输出前导标志符号 0）
%u	以无符号十进制整数形式输出	%x 或%X	以十六进制无符号形式输出整数（不输出前导标志符号 0x），用%x 则输出 a~f 时以小写形式输出，用%X 则以大写形式输出
%f	以小数形式输出，默认 6 位小数，输出双精度小数常用%lf	%e 或%E	以指数形式输出浮点数，用%e 则指数标志符号 e 以小写形式输出，用%E 则以大写形式输出
%c	以字符形式输出	%p	输出地址
%s	以字符串形式输出	%%	输出字符%

2. 示　例

（1）int a=10; printf("%d", a);

以十进制整数形式输出 a 的值，输出结果：10。

（2）double b=10.3; printf("%f", b);

以小数形式输出 b 的值，默认 6 位小数输出，输出结果：10.300000。

（3）flaot b=10.3; printf("%e", b);

以指数形式输出 b 的值，输出结果：1.030000e+001。

（4）char c= 'A'; printf("%c", c);

以字符形式输出 c 的值，输出结果：A。

（5）char c= 'A'; printf("%d", c);

以十进制整数形式输出 c 的值，输出结果：65。

（6）int a=10; printf("%d%%", a);

以整数形式加 2 个%%输出 a 的值，输出结果：10%。

任务 3.2.4 附加格式修饰字符

在函数 printf()的格式转换说明符中，在%和格式字符之间的位置，还可以根据需要插入修饰符，用于对输出格式进行微调整。

1. 附加格式修饰字符（见表 3-2）

表 3-2　附加格式修饰字符及说明

格式字符	说明	格式字符	说明
l	用于长整型和双精度浮点型，可加在 d、o、x、u、f 之前	-	输出的数据左对齐
h	可加在 d、u 之前输出 short 型	+	输出的数据右对齐（默认）
m	m 代表一个整数，用于限定输出数据的最小宽度，当 m 小于实际宽度时失效(当数据位宽 >m 时，按实际位宽输出；当数据位宽 <m 时，右对齐，左补空格）	-m	当数据位宽 <m 时，左对齐，右补空格（其他和 m 一样）
.n	n 代表一个整数，用于浮点数输出时，限定输出浮点数时的小数位数；用于字符串输出时，表示截取的字符个数	0	当限定输出数据宽度 m 时，如果输出数据的宽度不足 m，则以前导 0 补足

2. 示　例

（1）long a=10; printf(“%ld”, a);

以长整数形式输出 a 的值，输出结果：10。

（2）short b=10; printf(“%hd”, b);

以短整型形式输出 b 的值，输出结果：10。

（3）printf(“value is: %10f”, 32.6784728);

默认 6 位小数，宽度为 10（10=1 个空格+2 个整数+1 个小数点+6 个小数位），右对齐。输出结果：value is:　32.678473（在 32.678473 的前面有 1 个空格）。

（4）printf(“value is: %-10f”, 32.6784728);

默认 6 位小数，宽度为 10，左对齐。输出结果：value is : 32.678473（在 32.678473 的后面有 1 个空格）。

（5）int a=-12; printf(“%04d”, a);

宽度为 4，左对齐，位数不够就在数值的最左边补 0。输出结果：-012。

任务 3.2.5　printf 函数使用中的特殊问题

（1）例如“printf(“a=%#x\n”, a);”，其中的%#表示的是输出提示方式。如果是八进制，在前面加 0；如果是十进制，不加任何字符；如果是十六进制，会加上 0x。

举例说明当 a=41（十六进制）：

① printf(“a=%#o\n”, a); 输出的是：0101（把十六进制 41 转化为八进制）

② printf(“a=%#d\n”, a); 输出的是：65（把十六进制 41 转化为十进制）

③ printf(“a=%#x\n”, a); 输出的是：0x41

（2）使用 printf 输出各种格式的字符串。

原样输出字符串: printf(“%s”, str);

输出指定长度的字符串，超长时不截断，不足时右对齐，左补空格。

```
printf(“%ms”, str);            //m 为指定长度的十进制数值
```

举例说明：

```
printf(“%3s”, “CHINA”);  /*输出指定长度的字符串，超长时不截断，输出结果：
                           CHINA。*/
printf(“%6s”, “CHINA”);  /*输出指定长度的字符串，不足时右对齐，左补空格，输
                           出结果：1 个空格+CHINA。*/
```

输出指定长度的字符串，超长时不截断，不足时左对齐，右补空格。

```
printf(“%-ms”, str);           /*m 为指定长度的十进制数值*/
```

举例说明：

```
printf(“%-3s”, “CHINA”);  /*输出指定长度的字符串，超长时不截断，输出结果：
                            CHINA。*/
printf(“%-6s”, “CHINA”);  /*输出指定长度的字符串，不足时左对齐，右补空格。
                            输出结果：CHINA+1 个空格。*/
```

输出指定长度的字符串，超长时截断，不足时右对齐:

```
printf(“%m.ns”, str);        /*m 为最终的字符串输出长度，n 为从参数字符串中取出的
                               子串长度，右对齐。*/
```

输出指定长度的字符串，超长时截断，不足时左对齐：

```
printf(“%-m.ns”, str);       /*m 为最终的字符串输出长度，n 为从参数字符串中取出的
                               子串长度，左对齐。*/
```

举例说明：

```
printf(“%7.2s”, “CHINA” );   /*输出指定长度为 7 的字符串，从参数字符串中取出 2
                               个字符，右对齐，左补空格，输出结果：5 个空格+CH。*/
printf(“%-5.3s”, “CHINA”);   /*输出指定长度为 5 的字符串，从参数字符串中取出 3
                               个字符，左对齐，右补空格，输出结果：CHI+2 个空
                               格。*/
```

【例 3-4】printf 函数的应用。

```
#include<stdio.h>
int main( )
{
    int x=2, y=16;
    printf(“x=%d, y=%d\n”, x, 3*x+y/3);
    return 0;  }
```

运行结果如图 3-3 所示。

图 3-3　运行结果

【例 3-5】printf 函数的应用。

```
#include<stdio.h>
int main( )
{
    int s1=6， s2=58;
    printf("%3d, %6d\n", s1, s1*2+s2);
    return 0;
}
```

运行结果如图 3-4 所示。

图 3-4　运行结果

【例 3-6】printf 函数的应用。

```
#include<stdio.h>
int main()
{
    float   t1=1.2， t2=35.6;
    printf("%f,%8.3f\n", t1, t2);
    return 0;
}
```

运行结果如图 3-5 所示。

图 3-5　运行结果

课堂练习

（1）输出提示语“请输入银行卡密码”的语句可描述为__________________。

（2）已知变量 sum 为 n 以内自然数的和，按 6 个字符宽度输出 sum 值的语句可描述为_____________。

（3）分析下列各程序段的输出结果。

```
① viod main()
   {   int m=66, n=90;
       printf( "m=%d\n n=%d\n", m, n);}
② #include<stdio.h>
 void main()
   {   char c1= 'A', c2= 'b', c3= '9';
       printf( "%c%c%c", c1, c2, c3);}
```

任务 3.3　格式化输入 scanf 函数

格式输入函数 scanf( )的作用是：在终端设备上以数据按规定的格式从键盘上读入一个或多个任意类型的数据到指定变量中。

任务 3.3.1　scanf 函数格式

一般格式为：

```
Scanf(“格式控制字符串”, 输入项地址列表);
```

任务 3.3.2　scanf 格式说明

scanf 输入数值时，在两个数值之间需要插入间隔符（空格、Tab 键、回车）。

scanf 函数以%c 作为输入控制字符时，在输入字符数据之前不需要插入间隔符。

1. 格式控制字符串

（1）控制输入数据的类型。

（2）用双引号括起来的字符串，包括两种信息：

① 格式转换说明符：由“%”和格式字符组成；

② 普通字符：需要原样输入的字符。

2. 输入项地址列表

（1）也称参数地址表，变量前加&。

（2）是由若干变量的地址组成的列表，这些参数之间用逗号分隔。

（3）输入项个数与格式控制符个数相同。

【例 3-7】scanf 函数的应用。

```
#include<stdio.h>
int main()
{
    int  a ,  b;
    scanf(“%d%d”, &a , &b );
    printf(“a=%d , b=%d\n”, a, b);
    return 0;
}
```

运行结果如图 3-6 所示。

图 3-6　运行结果

任务 3.3.3　格式化输入函数输入时的常见问题

（1）问题：在 scanf 语句中，若忘记了写&，结果会怎么样？

```
#include<stdio.h>
int main()
{
    int  a, b;
    scanf("%d%d", a, b);
    printf("a=%d, b=%d\n", a, b);
    return 0;
}
```

运行结果如图 3-7 所示。

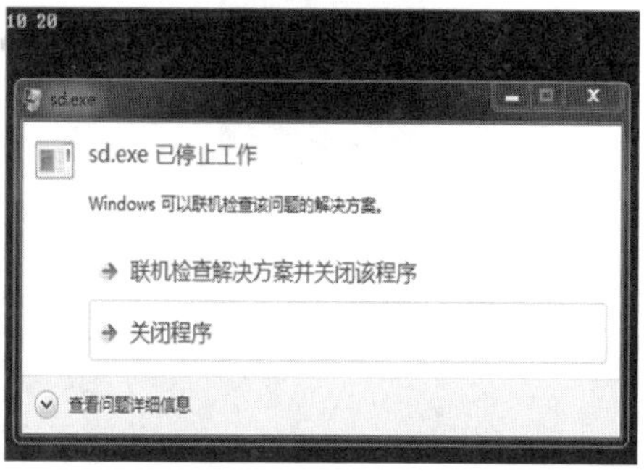

图 3-7　运行结果

结果：程序运行完后会出现停止工作的提示。

（2）问题：在 scanf 语句中，若格式字符写错了，结果会怎么样？

```
#include<stdio.h>
int main()
{
    int  a , b;
    scanf("%f%f", a , b);
    printf("a=%d , b=%d\n", a, b);
    return 0;
}
```

运行结果如图 3-8 所示。

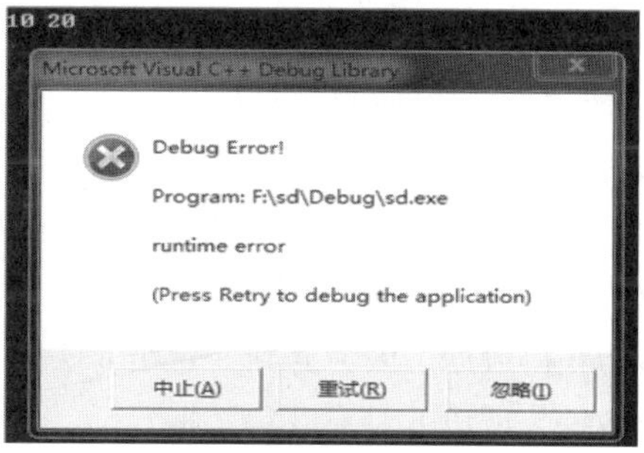

图 3-8　运行结果

结果：scanf 将读入错误数据，也可能出现下面的情况。根据编译系统而定。

（3）问题：如何分隔多个输入数据？

① 遇空格、Tab 或回车键，就认为一个数据输入结束。

```
int s1, s2;
scanf("%d%d", &s1, &s2); }
```

说明：如果多个格式控制字符之间没有任何字符，可用一个或多个空格、Tab 键、回车键来分隔。

输入如图 3-9 所示。

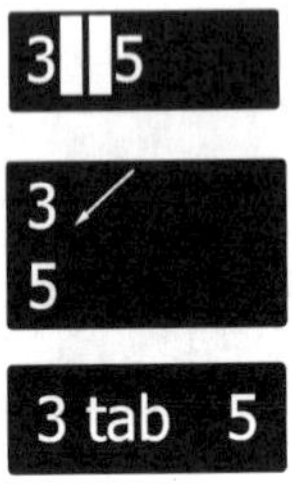

图 3-9 输入

② 指定位宽时，达到输入位宽，就认为一个数据输入结束。

```
#include <stdio.h>
void main()
{  int    a,    b;
   Scanf("%2d%2d",   &a, &b);
   Printf("a=%d, b=%d.\n", a, b);
}
```

运行结果如图 3-10 所示。

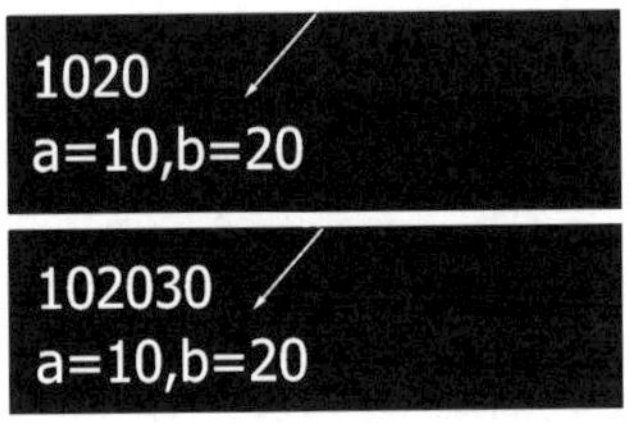

图 3-10 运行结果

本例中 scanf("%2d%2d", &a, &b); ——自动顺序截取了输入数据中的 2 位数据给 a 和 b，输入数据中多余的数据不影响数据的获取。

③ 如有遇非法字符，就认为一个数据输入结束。

下面的实例中 scanf("%d%d", &a, &b); ——当输入数据为“10　2a”时，a 会正常获得数据 10 和 b 只能获得 2，因为 a 在这里属于非法字符；当输入数据为“102a”时，a 会获得数据 102 和 b 不能获得数据，因为遇到 a 这个非法字符，认为第一个数据输入结束，并没有输入第二个数据，所以 b 没有获得数据。

```
#include <stdio.h>
void main( )
{   int     a,    b;
    scanf( "%d%d",    &a, &b);
    printf("a=%d, b=%d.\n", a, b);
}
```

运行结果如图 3-11 所示。

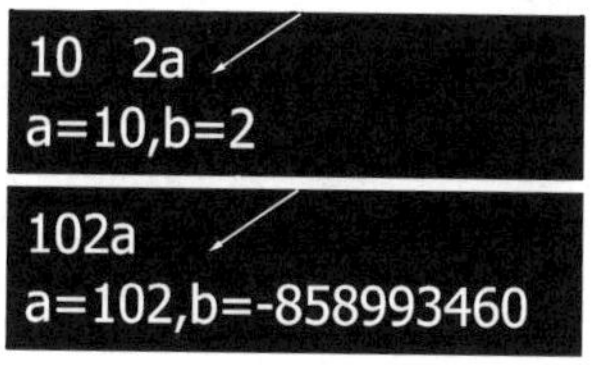

图 3-11　运行结果

（4）问题：如遇普通字符，应如何输入数据？

```
float   t1, t2;
scanf("t1=%f , t2= %f", &t1 , &t2);
printf("t1=%d, t2=%d.\n", t1, t2);
```

运行结果如图 3-12 所示。

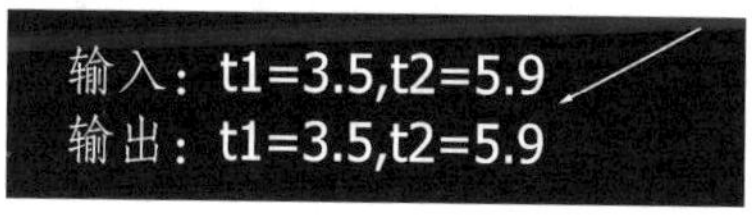

图 3-12　运行结果

本例中格式字符串中的普通字符“t1=”“t2=”和“,”需要原样输入。

（5）问题：字符型数据应如何输入？

```
viod main()
{   char c1, c2, c3;
    scanf("%c%c%c", c1, c2, c3);}
```

说明：在输入字符时，空格也是字符，也会被接收。

输入与结果如图 3-13 所示。

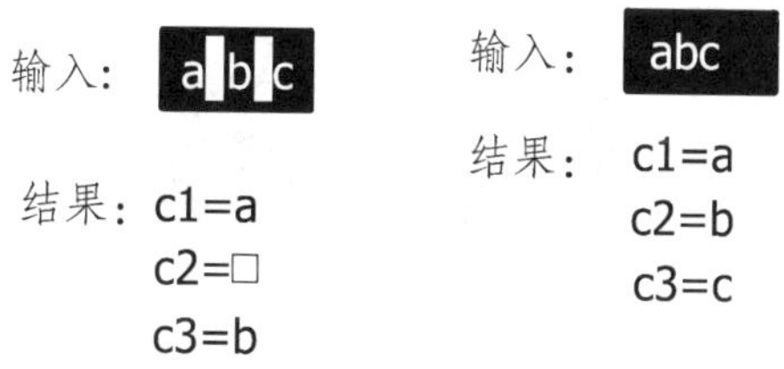

图 3-13　输入与结果

任务 3.3.4　格式字符说明

表 3-3 中列出了 scanf 函数中常用的格式字符，它们的用法和 printf 函数中的用法类似。

表 3-3　格式字符说明

格式字符	说明
%d	用来输入带符号的十进制整数
%u	用来输入无符号的十进制整数
%f	用来输入单精度浮点数小数，默认 6 位小数，输入双精度浮点数用%lf
%c	用来输入字符
%s	用来输入字符串

任务 3.3.5　附加格式说明字符

附加格式说明字符见表 3-4。

表 3-4　附加格式说明字符

格式字符	说明
l	用于长整型和双精度浮点型，可加在 d、u、f 之前
m	m 代表一个正整数，用于指定输入数据所占宽度
*	表示本输入项在读入后不赋给相应的变量

【例 3-8】scanf 函数中附加格式说明字符的应用。

```
#include <stdio.h>
void main( )
{   int    a,   b;
    Scanf(“%2d %*2d%2d”, &a, &b);
    Printf(“a=%d, b=%d, a+b=%d.\n”, a, b, a+b);
}
```

运行结果如图 3-14 所示。

```
123456 ↙
a=12,b=56,a+b=68
```

图 3-14　运行结果

本例中“scanf(“%2d %*2d%2d”, &a, &b);”——第一个%2d 截取 12 给 a; 第二个%2d 跳过 2 位数据 34; 第三个%2d 截取 56 给 b。

任务 3.3.6 常见错误

常见错误见表 3-5。

表 3-5 常见错误

格式字符	说明
scanf("%7.2f", &a);	不能指定输入数据的精度，即不能有.2
scanf("%f", a);	在输入项地址列表中，a 前面少了取地址符号&
Scanf("%f\n", a);	在格式控制字符串中，不能出现\n

课堂练习

（1）根据输入的自然数 n 值，计算 n 以内自然数的和 sum，则输入 n 值的语句可描述为________________。

（2）分别按照 int、double 和 char 类型给变量 a, b, c 输入数值的语句可描述为________________________________。

若 a=2, b=3.2, c= 'a'，则程序运行时，正确的输入方法为________________。

任务 3.4 字符输入输出函数

除了可以用 scanf 函数和 printf 函数输入输出字符外，C 函数库还提供了一些专门用于输入输出字符的函数，下面我们将进行详细介绍。

任务 3.4.1 字符输出 putchar 函数

1. 函数格式

若要将单个整型常量、字符变量、字符常量或表达式的内容输出到屏幕上，可以使用前面介绍的 printf()函数，也可以利用 putchar()函数来实现。Putchar()函数的使用格式如下：

```
Putchar(整型或字符常量、字符变量或表达式);
```

2. 格式说明

```
putchar (ch); //在屏幕上输出一个字符
```

putchar()函数使用时需要加上头文件#include<stdio.h>或#include "stdio.h"。

putchar(ch)函数功能：把函数参数 ch 输出到屏幕当前光标位置。ch 可以是字符型、整型变量、常量、转义字符。一个 putchar 函数只能输出一个字符。

函数参数 ch 若超出 0 ~ 255 范围，例如：putchar(353); 因为 353-256=97，所以等价于 putchar(97);。

程序示例：

```
putchar(‘A’);           //输出字符‘A’
putchar(‘\n’);          //输出回车换行符
putchar(‘A’+32);        //输出字符‘a’
putchar(65);            //输出字符‘A’
```

【例 3-9】阅读下列程序，体会 putchar 函数的功能。

```
#include <stdio.h>
int main()
{    char a= ‘s’;
     int i=115;
     putchar(a);              /*输出字符 s*/
     putchar(‘\n’);           /*换行*/
     putchar(‘s’);            /*输出字符 s*/
     putchar(‘\n’);           /*换行*/
     putchar(i);              /*输出字符 s*/
     putchar(‘\n’);           /*换行*/
     putchar(115);            /*输出字符 s*/
     putchar(10);             /*换行*/
     return 0;   }
```

运行结果如图 3-15 所示。

图 3-15　运行结果

任务 3.4.2　字符输入 getchar 函数

利用 getchar()函数可以从键盘上输入一个字符，所输入的字符会立即显示出来，并且当按下回车键后，这个字符作为 getchar()函数的函数值才会被变量接收。如果同时输入多个字符，getchar()会把第一个字符作为函数值；如果程序中使用了其他的 getchar()函数，这些剩余的字符则会作为其他的 getchar()函数的函数值。

1. 函数格式

Getchar()函数的使用格式如下：

```
Getchar( );
```

2. 格式说明

Getchar()函数的使用时需要加上头文件#include<stdio.h>或#include “stdio.h”。

Getchar()函数的功能是：只能从键盘输入单个字符。该函数没有参数，但括号不能省略。

例如：char s; s=getchar();　//通过键盘输入一个字符，并赋值给 s

例如：char ch; ch=getchar( ); putchar(ch); 可以等价为 char ch; putchar(getchar());

【例 3-10】阅读下列程序，体会 putchar、gutchar 函数的功能。

```
#include <stdio.h>
int main()
{    char a, b, c;
     a=getchar();
     b=getchar();
     c=getchar() ;
     putchar(a);
     putchar(b);
     putchar(c);
     putchar('\n');
     return 0;   }
```

运行结果如图 3-16 所示。

图 3-16　运行结果

课堂练习

编写程序计算各表达式的值。

```
putchar('A');
putchar('\101');
putchar('a'-32);
int ch=65;   putchar(ch);
```

项目考核

一、选择题（注：␣表示空格，<CR>表示回车）

1. 有如下程序，若要求 a1、a2、c1、c2 的值分别为 10、20、A、B，正确的数据输入是（　　）。

```
Main()
{ int a1, a2;
  char c1, c2;
  scanf("%d%d", &a1, &a2);
  scanf("%c%c", &c1, &c2);   }
```

A. 1020AB<CR>

B. 10 20<CR>
　　AB<CR>

C. 10 20 ABC<CR>

D. 10 20AB<CR>

2. 有如下程序，输入数据：12345M678〈CR〉后，x 的值是（　　），y 的值是（　　）。

```
#include<stdio.h>
Main(){
int x;
float y;
scanf("%3d%f", &x, &y);
}
```

（1）A. 12345　　B. 123　　C. 45　　D. 345

（2）A. 15.000000　　B. 45678.000000　　C. 678.000000　　D. 123.000

3. 有如下程序，输入数据：12M345〈CR〉后，x 的值是（　　），y 的值是（　　）。

```
main()
{int x; float y;
Scanf("%3d%f", &x, &y); }
```

（1）A. 12　　B. 123　　C.12345　　D. 0

（2）A. 12.000000　　B. 345.000000　　C. 12345.000000　　D. 0.000000

4. 以下 C 程序正确的运行结果是（　　）。

```
main ( )
{long y=-43456;
  printf("y=%-8ld\n", y);
  printf("y=%-08ld\n", y);
  printf("y=%08ld\n", y);
  printf("y=%+8ld\n", y);
}
```

A. y=-43456　　B. y=-43456
y=-43456　　y=-43456
y=-0043456　　y=-0043456
y=-43456　　y=+ 43456

C. y=-43456　　D. y=-43456
y=-43456　　y=-0043456
y=-0043456　　y=00043456
y=　-43456　　y=+43456

5. 以下 C 程序正确的运行结果是（　　）。

```
Main( )
{int y=2456;
printf("y=%3o\n", y);
printf("y=%8o\n", y);
printf("y=%#8o|n", y);
}
```

A. y=　2456　　B. y=　4630
y=　　　2456　　y=　　　4630
y=########2456　　y=########4630

C. y=2456　　D. y=4630
y=　　2456　　y=　　4630
y=　02456　　y=　04630

6. 若 x，y 均定义为 int 型，z 定义为 double 型，以下不合法的 scanf 函数调用语句是（　　）。

A. scanf("%d%d1x, %1e", &x, &y, &z);

B. scanf("%2d*%d%1f", &x, &y, &z);

C. scanf("%x%*d%o", &x, &Y);

D. scanf("%x%o%6.2f", &x, &y, &z);

7. 以下 C 程序正确的运行结果是（　　）。

```
main()
{long y=23456;
printf("y=%3x\n", y);
printf("y=%8x\n", y);
printf("y=%#8x\n", y);
}
```

A.y = 5ba0　　B. y = ␣ ␣ ␣5ba0
y = ␣ ␣ ␣ ␣5ba0　　y = ␣ ␣ ␣ ␣ ␣ ␣ ␣5ba0
y = ␣ ␣0x5ba0　　y =␣ ␣0x5ba0

C. y = 5ba0　　D.y = 5ba0

y = 5ba0　　　　　　　　y = ␣␣␣␣5ba0

y = 0x5ba0　　　　　　　y = ####5ba0

8. 已有如下定义和输入语，若要求 a1，a2，c1，c2 的值分别为 10，20，A 和 B，当从第一列开始输入数据时，正确的数据输入方式是（　　）。

```
int a1,a2;char c1,c2;
scanf("%d%c%d%c",&a1,&c1,&a2,&c2);
```

A. 10A␣20B<CR>　　　　B. 10␣A␣20␣B<CR>

C. 10A20B<CR>　　　　D. 10A20␣B<CR>

9. 已有定义 int x; float y；且执行 scanf（"%3d%3f"，&x，&y）；语句时从第一列开始输入数据 12345␣678<回车>，则 x 的值为（　　），y 的值为（　　）。

（1）A. 12345　　B. 123　　C. 45　　D. 345

（2）A. 无定植　　B. 45.000000　　C. 678.000000　　D. 123.000000

二、填空题

1. 假设变量 x，为整形变量，则执行下面语句后 x 的值为________。

```
x=7;
x+=x-=x+x;
```

2. 假设变量 a，b 为整形变量，则以下语句的功能是____。

```
a+=b;b=a-b;a-=b;
```

3. 有一输入函数 scanf("%d", k)；则不能使用 float 变量 k 得到正确数值的原因是__________和__________________。scanf 语句的正确形式应该是：__________。

4. 若有以下定义的语句，为使变量 c1 得到字符'A'，变量 c2 得到字符'B'，正确的格式输入形式是______________。

```
char c1, c2;
scanf("%4c%4c", &c1, &c2);
```

5. 以下程序的执行结果是________________。

```
#include<stdio.h>
Main()
{
float f=31.41592;
printf("%f, %e", f, f)
}
```

三、编程题

1. 编写程序，从键盘上输入两个电阻的值，求它们并联和串联的电阻值，输出结果保留两位小数。

2. 编写摄氏温度、华氏温度转换程序。要求：从键盘输入一个摄氏温度，屏幕就显示对应的华氏温度，输出取两位小数。转换公式：$F=(C+32)\times 9/5$。

3. 编写程序，从键盘输入梯形的上下底边长度和高，计算梯形的面积。

4. 编写程序，从键盘上输入一行字符，并依次显示在屏幕上。

5. 编写程序，从键盘输入一个字符，求出与该字符前后相邻的两个字符，按从小到大的顺序输出这三个字符的 ASCII 码。

项目实训

1. 编写程序：计算存款利息。有 1000 元，想存一年。有三种方法可选：

（1）活期，年利率为 r_1；

（2）一年期定期，年利率为 r_2；

（3）存两次半年定期，年利率为 r_3；

请分别计算出一年后按三种方法所得到的本息和。

解题思路：确定计算本息和的公式。

从数学知识可知：若存款额为 p0，则：

活期存款一年后本息和为：

$$p_1 = p_0（1+r_1）$$

一年期定期存款，一年后本息和为：

$$p_2 = p_0（1+r_2）$$

两次半年定期存款，一年后本息和为：

$$p_3 = p_0\left(1+\frac{r_3}{2}\right)\left(1+\frac{r_3}{2}\right)$$

要求：（1）画出流程图。

（2）完成程序的编写。

2. QQ 是我们日常生活中常用的一款即时通信软件，图 3-17 所示为 QQ 软件中查看好友资料的页面，我们将该好友的信息进行整理。下面我们将使用 C 语言编程，在屏幕上输出该好友的资料。

分析：

本项目中的昵称、姓名、城市、E_mail 属于字符串，字符串要用数组方式存储。

例如：姓名的定义。

```
char pet_name[10];
char true_name[10];
```

字符串在数组中的存放：末尾系统会自动加上“\0”作为结束标志，所以在给字符串数据分配存储空间时要多加 1。

在读完一个字符串后紧接着又要读取一个字符，此时应该先执行“fflush（stdin);”清空输入缓冲区。

请参照运行结果（见图 3-17），编写程序：

图 3-17　输出 QQ 好友信息

项目 4　选择结构程序设计

项目导读

在实际解决问题时，我们经常会遇到需要根据某个条件是否满足来决定是否执行指定操作的情况，或者从给定的两种或多种操作中选择其一。这时我们就可以利用选择结构程序设计思路来解决问题。

本项目介绍了用来实现选择结构的基本语句，如 if 语句、嵌套的 if 语句、条件表达式语句和 switch 语句，最后通过实例，让读者进一步掌握选择结构程序设计的基本思想。

学习目标

- 掌握关系运算、逻辑运算及其表达式的应用；
- 熟练掌握由 if 语句实现选择结构的方法；
- 掌握简单的 if 语句、if-else 语句和 if-else-if 语句的应用；
- 掌握嵌套的 if 语句的应用；
- 熟练掌握 switch 语句的编写方式。

选择结构是结构化程序设计的三种基本结构之一。根据给定的判定条件，判定结果，并根据判断的结果来控制程序的流程的结构称为选择结构或分支结构。C 语言提供了可以进行逻辑判断的若干语句，由这些选择语句可构成程序中的选择结构，通常也称为分支结构。

任务 4.1　if 选择语句

if 语句是条件选择语句，先判断表达式的值，然后根据该值的结果（“真”或“假”）控制程序流程。表达式的值非 0 即为“真”，否则即为“假”。C 语言的 if 语句有三种基本形式。

任务 4.1.1　单分支 if 语句

1. 函数格式

单分支 if 语句的一般格式如下：

```
if (表达式)            —— 此处不需要;
  {
    语句组;            —— 语句后面;不能少
  }
```

2. 流程图

单分支 if 语句面临的选择是要么执行，要么跳过。其执行过程是：当表达式的值为真（非 0）时，执行语句，否则直接执行 if 语句下面的语句。其执行流程图如图 4-1 所示。

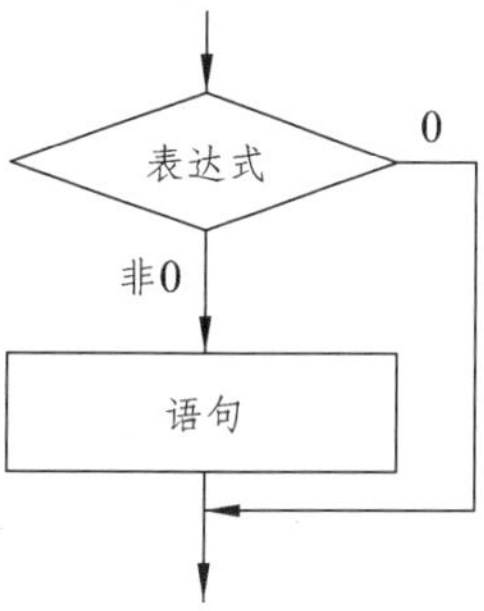

图 4-1 执行流程图

3. 表达式

表达式一般为逻辑表达式或关系表达式，不局限于逻辑表达式或关系表达式，也可以是数值表达式，表达式的值为非 0 时，即为真。语句可以是一条简单的语句或多条语句，当为多条语句时，需要用“{}”将这些语句括起来，构成复合语句；当为一条独立的语句，“{}”可以省略。

示例：

```
if(5+3)          //算术表达式
if(x>=85)        //关系表达式
if(x>0&&x<6)     //逻辑表达式
```

4. 应用示例

【例 4-1】根据天气情况，判断是否打伞去上学。

```
#include   <stdio.h>
void main()
{
    char   r;
    scanf(“%c”, &r);
    if (r==‘y’||r<=‘Y’)
    printf(“带好伞，去上学。\n”);
    if (r== ‘n’||r== ‘N’)
    printf(“去上学。\n”);
}
```

运行结果如图 4–2 所示。

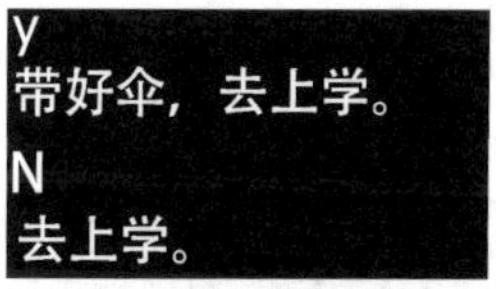

图 4-2 运行结果

本例中的难点在于判断是否打伞去上学的条件表达式的确定。如果条件“r== ‘y’||r<=

'Y'" 成立就表示下雨了，打伞去上学；如果条件 "r== 'n'||r== 'N'" 成立就直接去上学。

【例 4-2】输入一字母，无论该字母是大写还是小写，均以小写形式输出。

```
#include<stdio.h>
void main()
{
    char   ch;
    ch=getchar();
    if(ch>='A'&&ch<='Z')
     ch=ch+32;
     putchar(ch);
     putchar('\n');
}
```

运行结果如图 4-3 所示。

```
A
a
Press any key to continue
a
a
Press any key to continue
```

图 4-3　运行结果

本例中要求输入一字母，无论该字母是大写还是小写，均以小写形式输出。要解决这个问题，首先得明白两个要点：第一，大写字母的判定条件 "ch>= 'A'&&ch<= 'Z'"；第二，大写字母加上 32 就能转换为小写字母。

【例 4-3】请用单分支 if 语句，编程计算两个数的最大值。

```
#include<stdio.h>
void main()
{
    int   a, b, max;
    printf("请输入 a, b 的值: \n");
    scanf("%d%d", &a, &b);
    if(a>b)      max=a;
    if(a<=b)      max=b;
    printf("输出结果为: max=%d . \n", max);
}
```

运行结果如图 4–4 所示。

```
请输入a，b的值:
56 34
输出结果为:max=56.
Press any key to continue
```

图 4-4　运行结果

课堂练习

改写例 4-3 的程序：输入两个整数，然后将这两个整数按照从大到小的顺序输出。使用单分支 if 语句实现，参照如图 4-5 所示的结果编写程序。

```
请输入a，b的值:56 98
输入时ab的值为:a=56，b=98.
输出结果为:a=98，b=56.
Press any key to continue
```

图 4-5　运行结果

任务 4.1.2　if 双分支结构语句

1. 语法格式

If 单分支语句只允许在条件为真时指定要执行的语句，而 if-else 语句还可在条件为假时指定要执行的语句。if-else 语句面临的选择是在两个不同的操作中，选择其中的一个来执行。

if-else 语句的一般形式如下：

```
if( 表达式 )
        { 语句组 1; }
else
        { 语句组 2; }
```

2. 流程图

if-else 语句的执行过程是：当表达式为真（非 0）时，执行语句 1，否则执行语句 2，其执行流程图如图 4-6 所示。

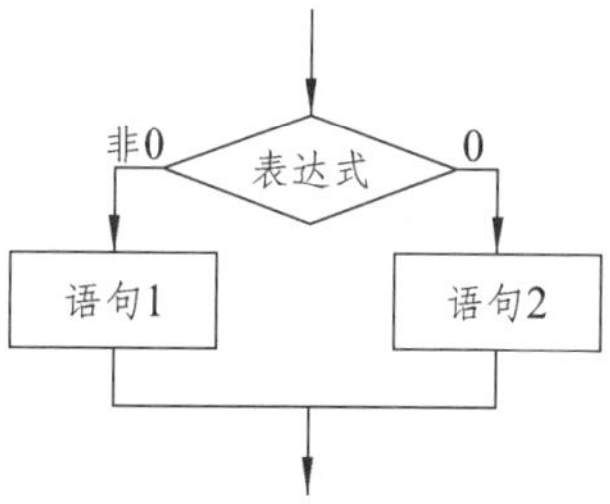

图 4-6　流程图

3. 表达式

if-else 语句中，If 之后的小括号中必须有表达式，else 之后不能有表达式。If…else…表达是两种情况，实现两个分支。整个 if-else 语句可以写在多行上，也可以写在一行上。表达式可以是算术表达式、关系表达式和逻辑表达式。

```
(1) if(6)                    //算术表达式
      ……
else
    ……
(2) if(x<60)                 //关系表达式
      ……
else
    ……
(3) if(x<0||x>100)           //逻辑表达式
      ……
else
    ……
```

例如：写出输出 x，y 中较大数的语句。

```
if(x>y)
      printf("%d\n", x);
else
    printf("%d\n", y);
```

4. 应用示例

【例 4-4】出租车计费：起步价 7 元（<=2 公里），2 公里以上部分每公里 2 元。

分析：设 x 代表行驶的公里数，m 代表费用，根据题意可知：

$$m=\begin{cases}7 & (x<=2)\\ 7+2(x-2) & (x>2)\end{cases}$$

```
#include   <stdio.h>
void main()
{
      float   x, m;
      printf ("请输入行驶的公里数:");
      scanf("%f", &x);
      if (x<=2)
            m=7;
      else
              m=7+2*(x-2);
      printf("应付金额为: %5.1f 元。\n", m);
}
```

运行结果如图 4-7 所示。

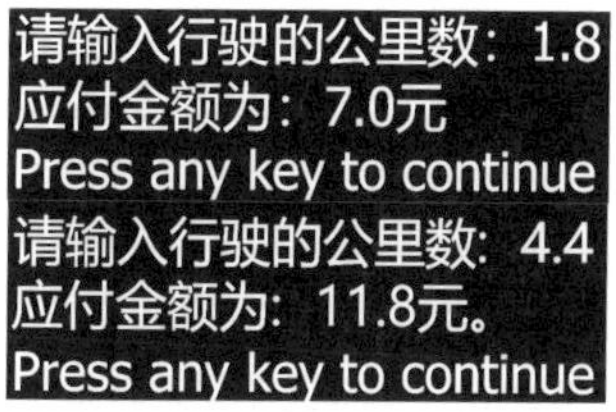

图 4-7　运行结果

本例中出租车计费方式分为两种情况。如果条件“x<=2”成立则表示按照起步价计算，这时 m=7；如果条件“x<=2”不成立则按照 m=7+2*（x-2）；计算。

【例 4-5】输入一个正整数，判断该数是偶数还是奇数。

本例要求判断一个正整数是奇数还是偶数，关键点在于找到判断的条件。在学习算术运算符的时候，我们学习了一个求余数的运算符%，这里要找偶数或者奇数，就可以考虑使用这个求余运算符%，凡是与 2 取余等于 0 的数就是偶数，否则为奇数，所以是偶数判断的条件为 x%2==0。具体程序代码如下：

```
#include <stdio.h>
void main( )
{
    int x;
    printf(“请输入一个正整数:”);
    scanf(“%d”, &x);
    if(x%2==0)
        printf(“正整数%d 是偶数。\n”, x);
    else
        printf(“正整数%d 是奇数。\n”, x);
}
```

运行结果如图 4–8 所示。

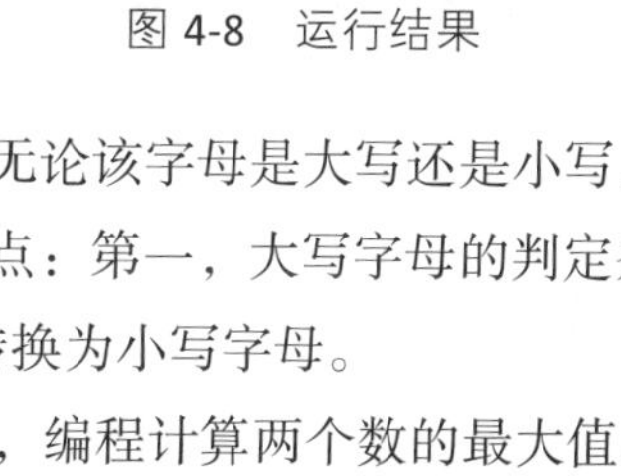

图 4-8　运行结果

本例中要求输入一字母，无论该字母是大写还是小写，均以小写形式输出。要解决这个问题，首先得明白两个要点：第一，大写字母的判定条件“ch>= ‘A’&&ch<= ‘Z’”；第二，大写字母加上 32 就能转换为小写字母。

【例 4-6】请用 if-else 语句，编程计算两个数的最大值。

```
#include<stdio.h>
```

```
void main()
{
    int   a, b, max;
    printf("请输入 a, b 的值：\n");
    scanf("%d%d", &a, &b);
    if(a>b)      max=a;
    else    max=b;
    printf("输出结果为：max=%d . \n", max);
}
```

运行结果如图 4-9 所示。

```
请输入a，b的值:
56 34
输出结果为:max=56.
Press any key to continue
```

图 4-9　运行结果

本例中只需要将使用单分支 if 语句编写的程序例 4-3 中的“if(a<=b)”换成 else 即可。

课堂练习

（1）以下程序用于判断输入的字符是否为字母，补充完整，然后将程序改写成仅一对 if-else 的形式。

```
char ch;
ch=getchar( );
   if(                                  )
           printf("%c 是字母。", ch);
   else
           if(                                  )
                  printf("%c 是字母。", ch);
           else
                  printf('%c 不是字母。", ch);
```

（2）一个三角形的三边分别用 a、b、c 表示，输入三个边长 a、b、c，判断该三角形是否为等腰三角形。

任务 4.1.3　if 语句多分支结构

编程时常常需要判定一系列的条件，一旦其中某一个条件为真就立刻停止。这种情况可以采用 if-else-if 语句。

1. 函数格式

if-else-if 语句，其一般形式如下：

```
if(表达式 1)            语句 1
else if(表达式 2)       语句 2
else if(表达式 3)       语句 3
        ⋮
else if(表达式 n)       语句 n
else                    语句 n+1
```

2. 执行过程

其流程图如图 4-10 所示。程序先判断表达式 1 的值，当其结果为“真”时，则执行语句 1；否则判断表达式 2 的值，当其值为“真”时，则执行语句 2；否则判断表达式 3 的值，当其值为“真”时，则执行语句 3；否则接着进行判断，依此类推，直到找到结果为“真”的表达式，并执行与之相关的语句。如果经过判断，所有的表达式都为“假”，那么就执行最后一个 else 之后的语句。

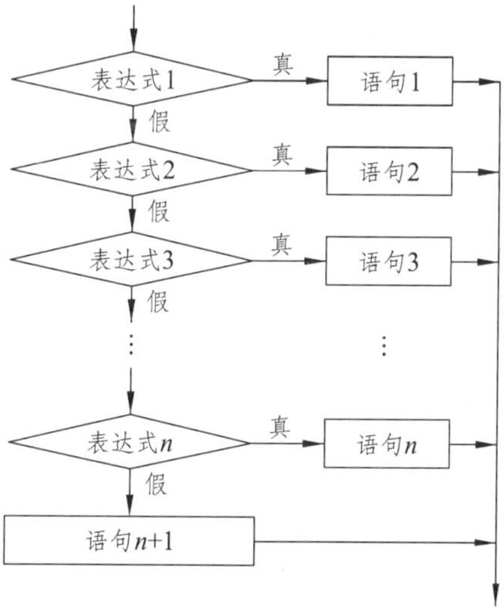

图 4-10　多分支流程图

【例 4-7】请使用 if-else-if 语句编程计算 y 的值。

$$y=\begin{cases}-1 & (x<0)\\ 0 & (x=0)\\ 1 & (x>0)\end{cases}$$

```
#include <stdio.h>
void main( )
{
        int x， y;
```

```
        printf("请输入 x 的值：");
        scanf("%d", &x);
        if (x<0)
                y=-1;
        else if (x==0)
                y=0;
        else
                y=1;
        printf("x=%d, y=%d\n", x, y);
}
```

运行结果如图 4–11 所示。

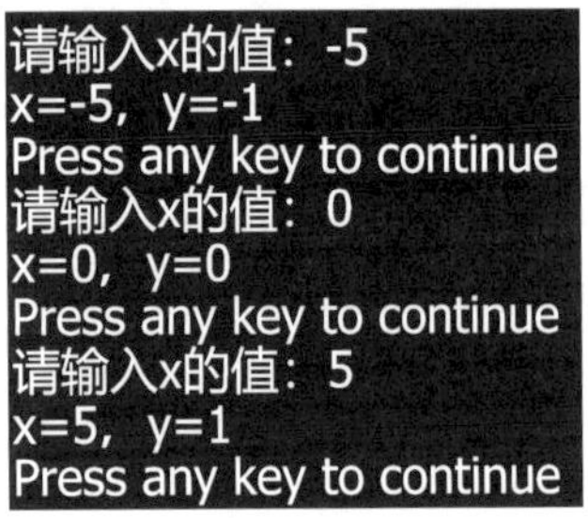

图 4-11　运行结果

【例 4-8】体型判断：根据“体指数”，对体型进行划分：体指数 t = 体重 w/(身高 h)2（w 的单位为千克，h 的单位为米）。当 t<18 时，为低体重；当 t 介于 18 和 25 之间（不含 25）时，为正常体重；当 t 介于 25 和 27（不含 27）之间时，为超重体重；当 t≥27 时，为肥胖。

编程从键盘输入体重 w 和身高 h，根据给定公式计算体指数 t，然后判断体型属于何种类型，并输出结果。本问题属于多分支选择结构，可以用 if-else-if 语句形式来表示。

```
#include <stdio.h>
int main()
{
    double h, w, t;
    printf("请输入体重(千克)，身高(米)："); //在输入语句前加一条输入提示
    scanf("%lf%lf", &w, &h);      //输入双精度浮点型变量的值要用格式控制%lf
    t=w/(h*h);
    if(t<18)
    printf("t=%5.2f, 体型为低体重\n", t);      //%5.2f 指输出数据宽度：5 位，小数：2 位
    else if(t>=18&&t<25)
        printf("t=%5.2f，体型为正常体重\n", t);
    else if(t>=25&&t<27)
    printf("t=%5.2f，体型为超重体重\n", t);
```

```
else
        printf("t=%5.2f，体型为肥胖体重\n", t);
return 0;
}
```

课堂练习

编程：现有一分段函数，输入任意一个 x 值，输出对应的 y 值。

$$y=\begin{cases}x+3 & (x<3)\\ x & (x=3)\\ x-3 & (x>3)\end{cases}$$

任务 4.1.4　if 语句的嵌套

在 if 语句中又包含一个或多个 if 语句称为 if 语句的嵌套。前面介绍的 if 语句的第三种形式（if-else-if 语句形式）就属于 if 语句的嵌套。

1. 常见的嵌套格式

```
if(expr1)
    if(expr2)          ┐
        statement1     │
    else               │ 内嵌if
        statement2     ┘
```

```
if(expr1)
    if(expr2)          ┐ 内嵌if
        statement1     ┘
else
    statement2
```

```
if(expr1)
    statement1
else
    if(expr3)          ┐
        statement3     │
    else               │ 内嵌if
        statement4     ┘
```

```
if(expr1)
    if(expr2)  statement1  ┐ 内嵌if
    else       statement2  ┘
else
    if(expr3)  statement3  ┐ 内嵌if
    else       statement4  ┘
```

2. 说　明

（1）if 和 else 的配对关系，else 总是与其前方最靠近的，并且没有其他 else 与其配对的 if 相配对。

（2）每个 else 本身都隐含了一个条件，如例 5-6 中的第 1 个 else 实质上表示条件 c>a 成立，此隐含条件与对应的 if 所给出的条件（a>c）完全相反，在编程时要善于利用隐含条件，使程序代码清晰简洁。

3. 应用示例

【例 4-9】输入三个边长 a、b、c，如果这三个边能构成三角形，判断该三角形是等边三角形、等腰三角形，还是其他三角形。

```
#include <stdio.h>
void main( )
{   int a, b, c;
    Printf("请输入三角形三边长：");
```

```
    Scanf("%d%d%d", &a, &b, &c);
    If(a>0&&b>0&&c>0&&a+b>c&&b+c>a&&a+c>b)  //判断能否构成三角形
    {   if(a==b&&b==c)
                Printf("该三角形是等边三角形.\n");
        else
                if(a==b||b==c||a==c)
                    printf("该三角形是等腰三角形.\n");
                else
                    printf("该三角形是其他三角形.\n");
    }
    else
        printf("注意：不能构成合法三角形.\n");
}
```

本例中使用了三层 if-else 嵌套语句，第一层，判断是否能构成三角形，在条件成立也就是能构成三角形的情况下，再去判断构成的哪一类三角形，否则就打印“注意：不能构成合法三角形.”；第二层，判断是否是等边三角形，条件成立就打印“该三角形是等边三角形.”，否则再去判断是不是另外的三角形；第三层，判断是否是等腰三角形，条件成立就打印“该三角形是等腰三角形.”，否则就打印“该三角形是其他三角形.”。

重要提示：else 总是和它前面离它最近的未配对的 if 相匹配。可以通过“{}”来强制 if 和 else 的配对关系。

【例 4-10】输入两数并判断其大小关系。

程序 1：

```
#include <stdio.h>
void   main()
{    int x，y;
     Printf("Enter integer x, y:");
     Scanf("%d, %d", &x，&y);
     if(x!=y)
         {if(x>y)   printf("X>Y\n");
         else        printf("X<Y\n");}
     else
         printf("X==Y\n");
}
```

程序 2：

```
#include <stdio.h>
void main()
{    int x, y;
     printf("Enter integer x, y:");
```

```
    scanf("%d%d", &x, &y);
    if(x==y)
      printf("X==Y\n");
    else
    { if(x>y)   printf("X>Y\n");
      else      printf("X<Y\n");}
}
```

本例中程序 1：是在 if-else 语句的 if 分支中嵌套了 if-else 语句；程序 2：是在 if-else 语句的 else 分支中嵌套了 if-else 语句。两个程序代码的功能都能判断输入的 x 和 y 的大小关系。

【例 4-11】使用 if-else-if 语句，编写一程序，实现输入 x 值，输出 y 值。

$$y=\begin{cases} x & (x<1) \\ 2x-1 & (1\leqslant x<10) \\ 3x-5 & (x\geqslant 10) \end{cases}$$

```
#include <stdio.h>
 void main( )
{   float x， y;
    printf("Please input x:");
    scanf("%f", &x);
    if(x<1)
        y=x;
    else
      {if(1<=x&&x<10)
              y=2*x-1;
         else
              y=3*x-5;}
    printf("y=%f\n", y);
}
```

运行结果如图 4-12 所示。

```
Please input x:-5
y=-5.000000
Press any key to continue
```

```
Please input x:5
y=9.000000
Press any key to continue
```

```
Please input x:15
y=40.000000
Press any key to continue
```

图 4-12　运行结果

本例中程序是在 if-else 语句的 else 分支中嵌套了 if-else 语句。

【例 4-12】编程实现：根据性别 sex 和身高 tall 给某数据分类，如果 sex 为“F”，当 tall>=150 时，输出 A，否则输出 B；若 sex 不为“F”，当 tall>=172 时，输出 A，否则输出 B。

```
#include “stdio.h”
void main()
{    int tall;
     char sex;
     printf(“请输入性别和身高:”);
     scanf(“%c%d”, &sex, &tall);
     if (sex== ‘F’)
     {    if (tall>=150)
                 printf(“\tA\n”);
             else
                 printf(“\tB\n”);
     }
     else
     {  if   (tall>=172)
      Printf(“\tA\n”);
      else
      printf(“\tB\n”);
     }
}
```

运行结果如图 4-13 所示。

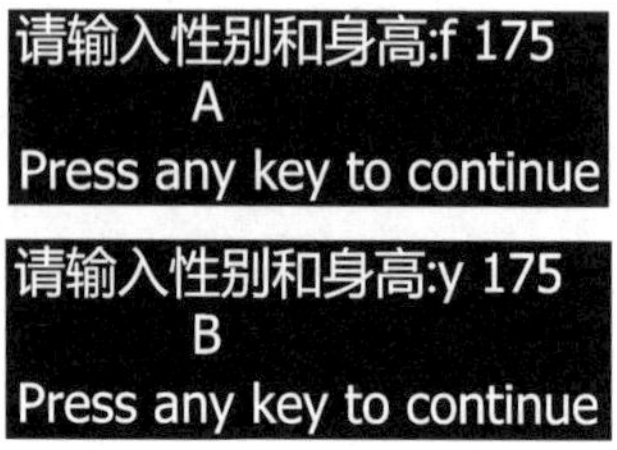

图 4-13　运行结果

课堂练习

（1）实现英寸与厘米的换算：

设置一个变量 flag，用于选择换算的方向，flag 的值为 1 表示英寸换算成厘米，flag 的值为 2 表示厘米换算成英寸。1 英寸=2.54*厘米。

请参照如图 4-14 所示的运行结果，编写程序。

```
请输入要换算的数据和换算的方式（1.英寸→厘米，2.厘米→英寸）：25  2
    25.00厘米=     9.84英寸
Press any key to continue
请输入要换算的数据和换算的方式（1.英寸→厘米，2.厘米→英寸）：25  1
    25.00英寸=     63.50厘米
Press any key to continue
```

图 4-14　运行结果

（2）某商店规定按照用户购物款，给出相应的折扣率。规定为：

① 购物款大于 1000 元，购物为 7 折。

② 购物款大于 800，小于或等于 1000 元，购物为 8 折。

③ 购物款大于 500，小于或等于 800 元，购物为 9 折。

④ 购物款小于或等于 500 元，购物无折扣。

请设计程序，根据用户购物款，计算用户实际支付的金额。

运行结果如图 4-15 所示。

```
请输入用户的购物款:
3500
用户支付的实际金额是:2450.00
Press any key to continue
```

图 4-15　运行结果

任务 4.2　多分支 switch 语句

在日常编程中，常常要把表达式和一系列值进行比较，从中找出当前匹配的值。在任务中已经看到，if-else-if 语句可以达到这个目的。此外，C 语言还提供了 switch 语句作为这类 if-else-if 语句的替换。switch 语句往往比 if-else-if 语句更容易阅读。

1. 语法格式

```
switch(表达式)
{   case   常量表达式 1:   [语句序列 1;] [break;]
    case   常量表达式 2:   [语句序列 2;] [break;]
           ……
    case   常量表达式 n:   [语句序列 n;] [break;]
    default:  语句序列 n+1;
}
```

2. 执行流程（见图 4-16）

首先计算 switch 后面表达式的值，再依次与每一个 case 后面的常量表达式的值进行比较，若有相等的情况，则以该 case 为入口，执行相应的语句序列。若相应的语句序列后面有 break，则程序跳出 switch 选择结构，执行 switch 选择结构后面的语句；若相应的语句序列后面没有 break，则执行下一个 case 后面的语句序列。若所有 case 后面的常量表达式的值没有与 switch 后面表达式的值相等的情况，则执行 default 后面的语句序列。

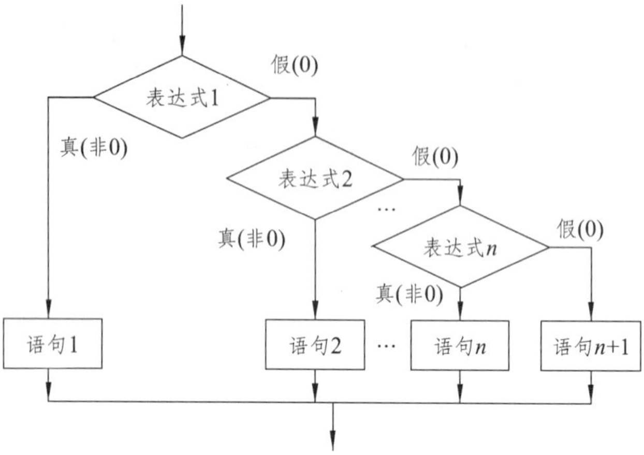

图 4-16　多分支 Switch 语句执行流程图

3. 语句说明

（1）switch 后的“表达式”只能是整形表达式或字符型表达式。

```
int x=6; switch(x)//整形表达式        char m= ‘a’; switch(m)//  字符型表达式
```

（2）case 后的常量表达式只起到标号作用，找到匹配的入口。

```
int x=3; switch（x-1） { case 2:…  case 3:…  } // x-1 与 2 相匹配
```

（3）case 后有多条语句时，可以省略大括号{}。

```
int x=3;
                    多条语句，省略{}
 switch(x-1)
{ case 2:y=sqrt(3+z); printf(“%d\n”, y); break;
……}
```

（4）case 后无“break;”语句，程序将继续执行。

```
scanf(“%c”, &ch);
 switch(ch)
{    case ‘A’: printf(“成绩>=90\n”);
     case ‘C’: printf(“成绩>=60\n”); }
```

运行结果如图 4-17 所示。

```
A
成绩>=90
成绩>=60
Press any key to continue
```

图 4-17　运行结果

（5）case 后有“break;”语句，程序跳出 switch 语句。

```
scanf(“%c”, &ch);
 switch(ch)
```

```
{   case 'A': printf("成绩>=90\n"); break;
    case 'C': printf("成绩>=60\n"); break; }
```

运行结果如图 4-18 所示。

```
A
成绩>=90
Press any key to continue
```

图 4-18　运行结果

（6）各 case 语句的先后顺序不影响程序的执行结果。

```
Scanf("%c", &ch);
 Switch(ch)
{   case 'A': printf("成绩>=90\n"); break;
    case 'C': printf("成绩>=60\n"); break; }
```

运行结果如图 4-19 所示。

```
A
成绩>=90
Press any key to continue
```

图 4-19　运行结果

（7）多个 case 语句共用一组语句。

```
Scanf("%d", &month);
switch(month)   ──→  month 与 1、2、3 相匹配时，都输出"春季"
{ case 1:
  case 2:
  case 3: printf("春季\n"); break; }
```

4. 应用示例

【例 4-13】利用 switch 编程，实现"+、-、*、/"简单计算器。

分析：switch（表达式）中的"表达式"如何设计？

设 char 型变量 op 代表不同的运算，根据 op 的不同值形成多分支，例如：

```
switch(op)
```

case 后的"常量表达式"如何表示？

常量表达式可用 '+'、'-'、'*'、'/'表示，例如：

```
case '+':
case '-' :
```

```
# include   <stdio.h>
void main ()
{
     float x,   y ;
     char op;
     printf("请输入运算式，如：1.6-0.3:");
```

```
    scanf("%f%c%f", &x, &op, &y);
    switch(op)
    {   case '+' :printf("%0.1f+%0.1f=%0.1f\n", x, y, x+y); break;
        case '-' :printf("%0.1f-%0.1f=%0.1f\n", x, y, x+y); break;
        case '*' :printf("%0.1f*%0.1f=%0.1f\n", x, y, x+y); break;
        case '/' :printf("%0.1f/%0.1f=%0.1f\n", x, y, x+y); break;
        default:printf("error!\n");
    }
}
```

运行结果如图 4-20 所示。

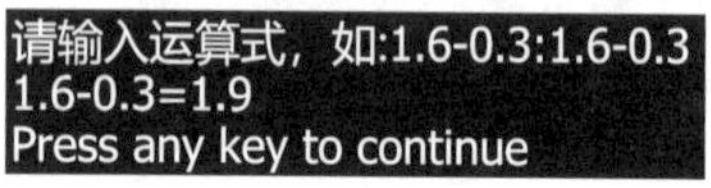

图 4-20　运行结果

【例 4-13】根据学生考试成绩 score 的值判定考试等级。判定标准见表 4-1。

表 4-1　判定标准

成绩（score）	等级
score>=90	优秀（A 级）
80<=score<90	良好（B 级）
70<=score<80	中等（C 级）
60<=score<70	及格（D 级）
score<60	不及格（E 级）

```
#include <stdio.h>
void main( )
{   double score;
    printf("请输入学生成绩：");
    scanf("%lf", &score);
    switch((int)(score/10))//分析 switch 后面的表达式为什么写成(int)(score/10)?
    {   case   10:
        case   9:   printf("该生的成绩等级为 A-优秀"); break;
        case   8:   printf("该生的成绩等级为 B-良好"); break;
        case   7:   printf("该生的成绩等级为 C-中等"); break;
        case   6:   printf("该生的成绩等级为 D-及格"); break;
        default:   printf("该生的成绩等级为 E-不及格");
    }
}
```

运行结果如图 4–21 所示。

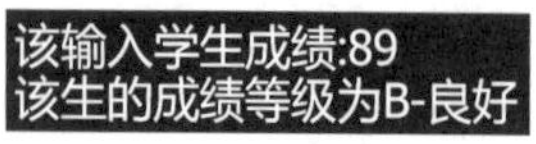

图 4-21　运行结果

项目考核

一、选择题

1. 为了避免嵌套的 if-else 语句的二义性，C 语言规定 else 总是与（　　）组成配对关系。

A. 缩排位置相同的 if　　B. 在其之前未配对的 if

C. 在其之前未配对的最近的 if　　D. 同一行上的 if

2. 逻辑运算符两侧运算对象的数据类型（　　）。

A. 能是 0 或 1　　B. 只能是 0 或非 0 正数

C. 只能是整型或字符型数据　　D. 可以是任何类型的数据

3. 以下关于运算符优先顺序的描述中正确的是（　　）。

A. 关系运算符 < 算术运算符 < 赋值运算符 < 逻辑与运算符

B. 逻辑与运算符 < 关系运算符 < 算术运算符 < 赋值运算符

C. 以赋值运算符 < 逻辑与运算符 < 关系运算符 < 算术运算符

D. 算术运算符 < 关系运算符 < 赋值运算符 < 逻辑与运算符

4. 下列运算符中优先级最高的是（　　）。

A. <　　B. +　　C. =　　D. ! =

5. 判断 char 型变量 ch 是否为大写字母的正确表达式是（　　）。

A. ‘A’< = ch< = ‘Z’　　B. (cb> = ‘A’) & (ch< = ‘Z’)

C. (ch> = ‘A’)&&(ch< = ‘Z’)　　D. (‘A’< = ch) AND(‘Z’>=ch)

6. 设 x、y 和 z 是 int 型变量，且 x = 3, y = 4, z = 5, 则下面表达式中值为 0 的是(　　)。

A. ‘x’&&‘y’　　B. x< = y　　C. x||y+z&&y-z　　D.!((x<y) & & !z ||1)

7. 已知 x = 43，ch = ‘A’，y = 0；则表达式(x > = y6&&ch(‘B’&&! Y)值是（　　）。

A. 0　　B. 语法错　　C. 1　　D. “假”

8. 若希望当 A 的值为奇数时，表达式的值为“真”，A 的值为偶数时，表达式的值为“假”。则以下不能满足要求的表达式是（　　）。

A. A%2 = = 1　　B. !(A%2 = = 0)　　C. !（A%2）　　D. A%2

9. 没有，int a = 1, b = 2, c = 3, d = 4, m = 2, n = 2，执行(m = a>b&&(n = c>d)后 n 的值为（　　）。

A. 1　　B. 2　　C. 3　　D. 4

10. 判断 char 型变量 cl 是否为小写字母的正确表达式为（　　）。

A. ‘a’< = c1< = f‘Z’　　B. (c1> = a)&&(c1< = z)

C. (‘a’>=c1)(‘z’< = c1)　　D. (c1> = ‘a’)&&(c1< = ‘Z’)

二、填空题

1. 当 a=3, b=2, c=1 时，表达式 f=a>b>c 的值是 ______。

2. 当 a=5, b=4, c=2 时，表达式 a>b! =c 的值是______。

3. 以下程序的运行结果是______。

4. 在 C 语言中，表示逻辑“真”值用______。
5. 设 y 为 int 型变量，请写出描述“y 是奇数”的表达式________。
6. C 语言提供的 3 种逻辑运算符是________。
7. 若 a=2, b=4，则表达式！(x=a)//(y=b)&&0 的值是 _____ 。
8. 若 a=1, b=4, c=3，则表达式!(a<b)//! C&&1 的值是_____ 。
9. 已知 A=7.5, B=2，C=3.6，表达式 A>B&&C>A //A<B&&!C>B 的值是____。
10. 若 a=6, b=4, c=2，则表达式！(a-b)+c-1&&b+c/2 的值是 _____ 。

三、编程题

1. 编制程序要求输入整数 a 和 b，若 a*a+b*b 大于 100，则输出 a*a+b*b 百位以上的数字，否则输出两数的和。
2. 试编程判断输入的正整数是否既是 5 又是 7 的正倍数。若是，则输出 yes；否则输出 no。
3. 请编程序：根据以下函数关系，对输入的每个 x 值，计算出相应的 y 值。

x	y
x<0	0
0<x<=10	x
10<x<=20	10
20<x<40	-0.5x+20

4. 编程实现以下功能：读入两个运算数（data1 和 data2）及一个运算符（op），计算表达式 data1 op data2 的值，其中 op 可为+、－、*、/（用 switch 语句实现）。

5. 编一程序，对于给定的一个百分比制成绩，输出相应的五分制成绩。设：90 分以上为‘A’，80~89 分为‘B’，70 ~ 79 分为‘C’，60~69 分为‘D’，60 分以下为‘E’（用 switch 语句实现）。

项目实训

编程设计一个简单的猜数游戏：先由计算机“想”一个数请人猜，如果人猜对了，则计算机给出提示“Right!”，否则提示“Wrong!”，并告诉人所猜的数是大还是小。

（1）分析：

本例程序设计中的难点是如何让计算机“想”一个数。“想”反映了一种随机性，可用随机函数 rand()产生计算机“想”这个数。

随机函数 rand()产生一个 0 ~ RAND_MAX 之间的整数，RAND_MAX 在头文件 stdlib.h 中定义的符号常量，因此使用该函数时需要包含头文件 stdlib.h。

ANSI 标准规定 RAND_MAX 的值不得大于双字节整数的最大值 32767。

（2）算法设计（流程图见 4-22）：

① 通过调用随机函数任意生成一个数 magic。

② 输入人猜的数 guess。

③ 如果 guess 大于 magic，则给出提示“Wrong！ Too high!”。

④ 如果 guess 小于 magic，给出提示“Wrong!Too low!”。

⑤ 如果 guess 等于 magic，给出提示“Right!”，并打印 guess 值。

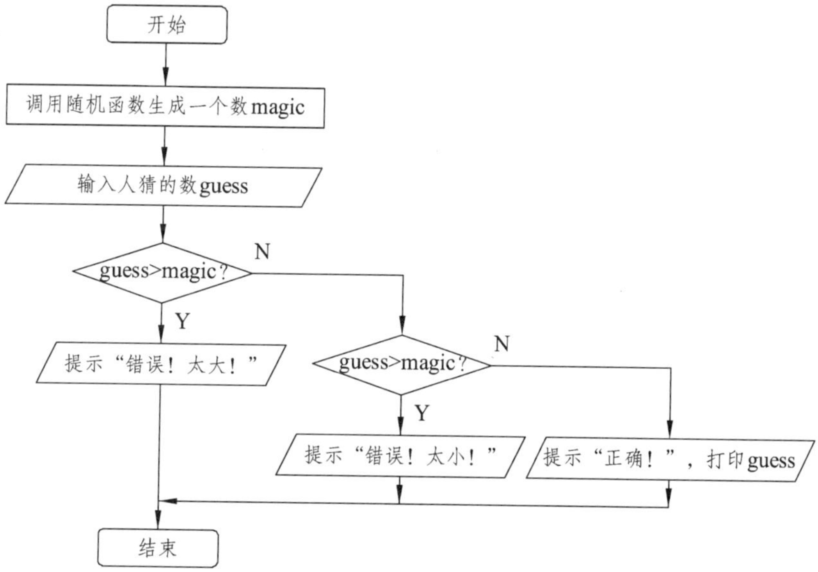

图 4-22　流程图

请根据所给的知识，完成程序的编写。

项目 5　循环结构程序设计

项目导读

在实际应用中，经常会遇到需要重复处理相同或相似操作的情况，例如，连续生成 50 个随机整数、求 40 个整数之和等。为了有效地描述这种相同或相似操作的重复执行，C 语言提供了循环语句。

本项目首先介绍了 while 循环语句、do-while 循环语句和 for 循环语句三种循环结构，并且对这三种循环结构进行了比较；然后介绍了循环嵌套和转移语句；最后通过实例，让读者进一步掌握循环结构程序设计的基本思想。

学习目标

- 掌握 while 循环语句的使用方式
- 掌握 do-while 循环语句的使用方式
- 掌握 for 循环语句的使用方式
- 掌握三种循环语句的区别以及嵌套使用方式
- 掌握 break 和 continue 语句的应用
- 掌握循环结构程序的编写和应用

任务 5.1　循环的概述

1. 循环的概念

在日常生活中或是在程序所处理的问题中常常遇到需要重复处理的问题，例如，要向计算机输入全班 50 个学生的成绩，分别统计全班 50 个学生的平均成绩，求 30 个整数之和，教师检查 30 个学生的成绩是否及格。对于这类需要重复处理的问题，使用循环控制的方法来解决更简便。我们把在某一条件成立的情况下反复做重复性的事情称为循环。循环结构是指在给定条件成立时，反复执行某程序段，直到条件不成立为止。给定的条件称为循环条件，反复执行的程序段称为循环体。

2. 用程序设计语言描述大赛问题

（1）大赛概述：

某大赛有 4 位评委，各选手表演完毕后，由 4 位评委依次给每位选手打分，然后编程计算出各选手的总分。

某大赛重复的事情有：

① 评委亮分；

② 计算总分。

（2）变量定义：

① 设 i 为评委编号，整型，初始值为 1。语句：int i=1;

② 设 score 存评委分数，sum 存总分并设初值为 0.0，均为浮点型。

语句：double score, sum=0.0;

（3）算法描述：

在 i<=4 的条件下反复执行如下操作：

① 播报（输入）当前评委亮出的分数 score。语句：scanf("%lf", &score);

② 累加到总分 sum。语句：sum+=score;

③ 评委编号递增 1。语句：i++;

（4）概括大赛问题：

① 循环从什么时候开始，即"循环变量初值"。语句：i=1;

② 满足什么条件要循环，即"循环控制条件表达式"。语句：i<=4;

③ 每次循环要做什么，即"反复执行的语句"，称为"循环体"。

```
scanf("%lf", &score);  ┐
sum+=score;            ├ 循环体
i++;                   ┘
```

这里的循环变量初值、循环控制条件表达式和循环体称为循环结构的三要素。对于适用于循环结构解决的程序设计问题，只需要找出这三个要素，问题就迎刃而解了。

（5）循环结构的任务：

循环结构的任务即循环的本质如下：

① 可重复执行某些相同代码的程序段；

② 将程序员从大量重复编写相同代码的工作中解放出来，提高程序编写效率。

（6）注意事项：

① 循环需要有一个明确的结束条件，否则将进入"死循环"。

② 循环需要有能够控制循环执行次数的变量，用于统计或控制循环执行的次数。

③ 循环需要有重复执行的操作即循环体。

课堂练习

（1）在循环结构程序设计中，反复执行的语句称之为（　　）。

A. 循环语句　　　B. 循环体　　　C. 循环控制语句

（2）在循环结构程序中，当循环条件为"真"时（　　）。

A. 终止循环结构的执行　　　B. 执行循环体语句

（3）循环结构的使用，可以将程序员从大量重复编写相同代码的工作中解放出来，提高程序的（　　）。

A. 编写效率　　　B. 执行效率

（4）下列说法不正确的是（　　）。

A. 循环需要有一个明确的结束条件，否则将进入“死循环”

B. 循环不需要有能够控制循环执行次数的变量，就会自动完成循环

C. 循环需要有重复执行的操作即循环体

任务 5.2　while 循环语句

C 语言提供了 3 种描述循环结构的语句，分别是 while 循环语句、do-while 循环语句和 for 循环语句。其中，while 语句是最简单也是最基本的。

1. 语法格式

while 语句的语法格式为：

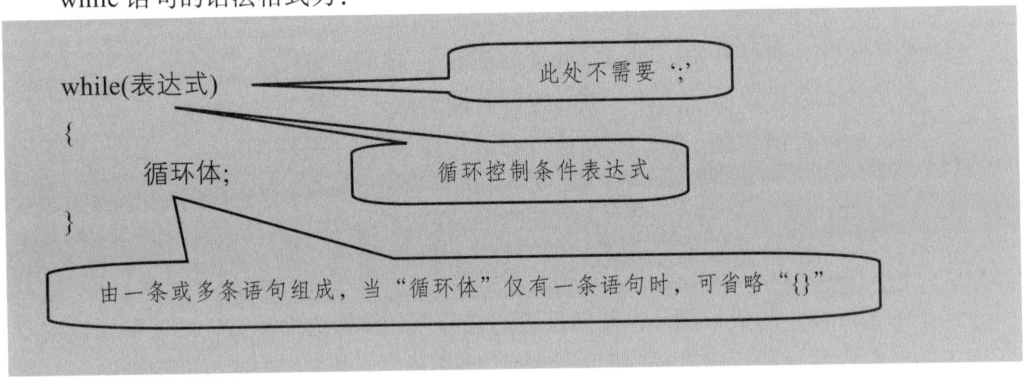

2. 流程图

while 语句的执行流程如图 5-1 所示。执行该语句时，先计算表达式的值，如果它为真，则执行循环体；接着再次判定表达式的值，如果它仍为真，继续执行循环体，否则循环结束，执行 while 语句后的下一条语句。

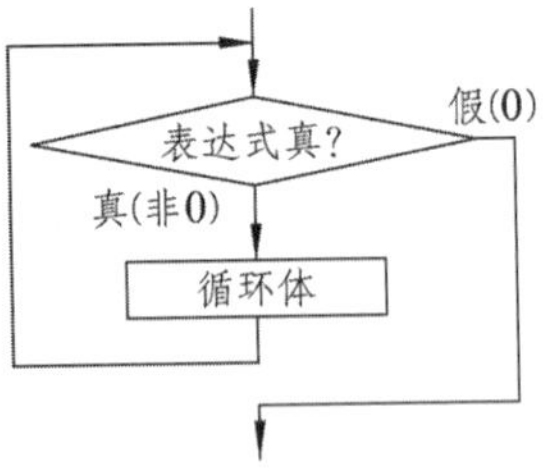

图 5-1　执行流程

while 语句是“先判断，后执行”。如果刚进入循环时条件就不满足，则循环体一次也不执行。还需要注意的是，一定要有语句修改表达式的值，使其有结果为 0 的时候，否则将出现“死循环”。

在 while 语句中没有包含设置初始状态的功能，因此这一工作需要在 while 语句之前完成。对于循环相关状态的修改是在循环体中完成，因此除了少数特殊情况下，while

语句的循环体一般都是复合语句。

3. 表达式

while 语句中的条件表达式，包括有三种形式，分别是算术表达式、关系表达式和逻辑表达式。例如：

关于表达式：

语句	形式	
while(6) …	算数表达式	
while(x<=60) …	关系表达式	常用
while(x<0||x>100) …	逻辑表达式	常用

4. 语句说明

（1）while 语句属当型循环，即先判断条件（表达式），再执行循环体。循环体可为任意类型语句，循环体有可能一次也不执行（条件一开始就不成立）。

（2）表达式为循环条件，用于控制循环是否可继续执行，故称控制表达式。

（3）循环体语句为内嵌式语句，是循环结构的循环体。它可以是单语句也可以是复合语句，且该语句中必须包含有对循环条件进行修改的语句。

（4）无限循环：while(1)

循环体；

5. 应用示例

【例 5-1】利用 while 语句计算大赛选手总分。（有 10 位评委）

算法分析：

（1）循环从什么时候开始，即“循环变量初值”。语句：i=1;

（2）满足什么条件要循环，即“循环控制条件表达式”。语句：i<=10;

（3） 每次循环要做什么，即“反复执行的语句”，称为“循环体”。

```
scanf(“%lf”, &score);  ┐
sum+=score;            ├ 循环体
i++;                   ┘
```

程序代码：

```
#include <stdio.h>
void main()
{     double score,   sum=0;
      int i=1;
      while(i<=10)
      {     printf("请第%d 位评委亮分: ", i);
            Scanf("%lf", &score);
            sum=sum+score;
            i++;
```

```
        }
        printf("该选手的总分为：%.2lf.\n", sum);
    }
```

运行结果如图 5-2 所示。

图 5-2　运行结果

【例 5-2】使用 while 语句，编程计算：有一小泳池，用水桶向其中倒水，第一次倒 1 桶水，第 2 次倒 2 桶水，第 3 次倒 3 桶水……10 次之后，一共向其中倒了多少桶水？

算法分析：

本题目实质上是要求使用 while 语句，编程计算："1+2+3+……+10=？"。要解决这个问题我们只需要理清楚一下几个问题即可。

（1）循环变量设什么？　　（i　// 循环变量；　sum=0 // 求和变量）

（2）循环初值设什么？　　（i=1）

（3）循环条件如何设计？　（i<=10）

（4）循环体如何设计？　　（sum+=i; i++ ;）

```
#include <stdio.h>
void main（　）
{       int sum=0;
        int i=1;
        while（i<=10）
        {     sum=sum+i;
              i++;   }
        printf（"10 次倒入水的总数为:%5d.\n"，sum）;
}
```

运行结果如图 5-3 所示。

图 5-3　运行结果

课堂练习

（1）例 5-2 中，若第一次倒 5 桶水，以后每一次增加 1 桶水，如何修改程序？

（2）利用 while 语句编程并绘制流程图：计算 1~n 中的奇数之和及偶数之和。

分析：

（1）n 的值在程序执行时通过键盘输入。

（2）各变量初值如何设计。

（3）循环条件如何设计。

（4）循环变量增量如何设计。

请参照如图 5-4 所示的运行结果，编写程序。

图 5-4　运行结果

任务 5.3　do-while 循环语句

除了 while 语句以外，C 语言还提供了 do-while 语句来实现循环结构。有些情况下，无论条件是否满足，都至少执行一次循环体，这时可以使用 do-while 语句，

1. 语法格式

do-while 的语法格式为：

```
do
{
        循环体;
} while（表达式）;
```

表达式后必须有;

2. 执行流程

do-while 语句的执行流程如图 5-5 所示。首先执行循环体中的语句一次，然后计算表达式的值，若为真（非 0）则继续执行循环体，并再计算表达式的值，当表达式的值为假（0）时，终止循环，执行 do-while 语句后的下一条语句。当第 1 次判断“表达式”就为假时，“循环体”也执行 1 次，即“循环体”最少执行 1 次。

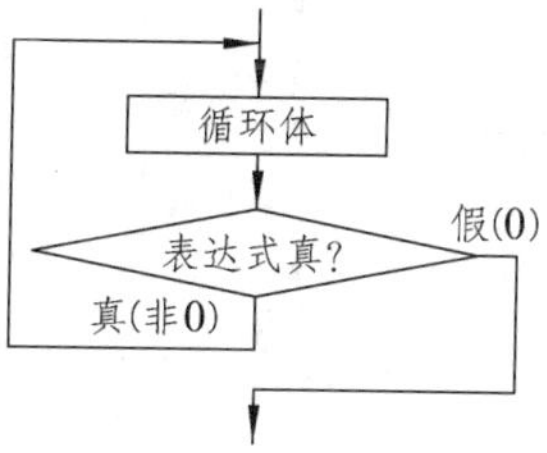

图 5-5　执行流程

3. 表达式

do-while 语句中的条件表达式，包括有三种形式，分别是算术表达式、关系表达式和逻辑表达式。例如：

```
          ┌ while(6)               算数表达式
          │    …
          │
关于表达式 ┤ while(x<=60)           关系表达式 ┐
          │    …                              ├ 常用
          │ while(x<0||x>100)      逻辑表达式 ┘
          └    …
```

4. 语句说明

（1）至少执行一次循环体。

（2）do-while 可转化成 while 结构。

（3）do-while 循环和 while 循环一样，在循环体中也一定要有使循环趋向于结束的语句，否则循环永不结束，会形成死循环。

5. 应用示例

【例 5-3】利用 do-while 语句计算大赛选手总分。（有 7 位评委）。

```
#include <stdio.h>
void main( )
{       double score, sum=0.0;
        int i=1;
         do
        {       printf("请第%d 位评委亮分: ", i);
                scanf("%lf", &score);
                sum=sum+score;
                i++;
        } while(i<=7);
        printf("该选手的总分为：%.2lf.\n", sum);
}
```

运行结果如图 5-6 所示。

图 5-6　运行结果

【例 5-4】利用 do-while 语句计算 1+1/2+1/3+…+1/n。

分析：

（1）n 的值在程序执行时通过键盘输入。（scanf("%d", &n);）

（2）各变量的数据类型如何设计。（float sum=0; int i=1; int n;）

（3）分子“1”与“1.0”有什么区别。（“1”除以 1 个整数得到 1 个整数；“1.0”除以 1 个整数会得 1 个浮点数）

```
# include  <stdio.h>
void  main()
{   float sum=0;    int  i=1;
    int  n;
     printf("请输入 n 的值: ");
          scanf("%d", &n);
    do
    { sum=sum+1.0/i;
        i++;
    } while(i<=n);
   printf(" the sum=%f\n", sum);
}
```

运行结果如图 5–7 所示。

```
请输入n的值:10
the sum=2.928968
Press any key to continue
```

图 5-7　运行结果

6. while 循环和 do-while 循环的比较

while

（1）先判断条件再执行循环体；

（2）循环体可能一次也不执行；

（3）若输入 i 值为 11 则输出：0。

```
void mian( )
{  int  sum=0, i ;
    scanf("%d", &i);
    while (i<=10)
      {  sum=sum+i ;
          i++ ;
      }
     printf(" %d\n", sum);
}
```

do-while

（1）先执行循环体再判断条件；

（2）至少执行一次循环体；

（3）若输入 i 值为 11 则输出：11。

```
void mian( )
{  int  sum=0, i ;
    scanf("%d", &i );
    do
      {  sum=sum+i ;
          i++ ;
      } while (i<=10);
    printf("%d\n", sum);
}
```

课堂练习

统计一个整数的位数。

提示：number = number/10;　/*number 整除 10，即去掉最低位*/

运行结果如图 5-8 所示。

```
Enter a number:5678
It contains 4 digits.
Press any key to continue
```

图 5-8　运行结果

任务 5.4　for 循环语句

在 C 语言中，除了可以用 while 和 do-while 语句实现循环外，还可以用 for 语句实现循环。

1. 语法格式

对循环状态的初始化和对循环控制变量的修改是循环语句中必不可少的两个组成部分。for 语句将这两部分作为表达式写入到圆括号中，更便于描述、阅读和检查程序。for 语句的语法格式为：

```
For(表达式 1; 表达式 2; 表达式 3)
{
    循环体;
}
```

表达式之间用；分隔

三个表达式的作用：

表达式 1：通常为赋值表达式，实现循环控制变量的初始化，只执行一次。

表达式 2：通常为关系表达式或逻辑表达式，用来判断是否继续循环。在每次执行循环体前先执行此表达式，决定是否继续执行循环。

表达式 3：通常为表达式语句，用来描述循环控制变量的变化，多数情况下为自增或自减表达式，实现对循环控制变量的修改。它是在执行完循环体后才执行的。

2. 执行流程

for 语句把循环的初始化操作、条件判断和循环控制状态的修改都一并放在了关键字 for 后面的括号中，很好地体现了正确表达循环结构应注意的三个问题：循环控制变量的初始化、循环控制的条件以及循环控制变量的更新。for 语句的执行流程如图 5-9 所示。

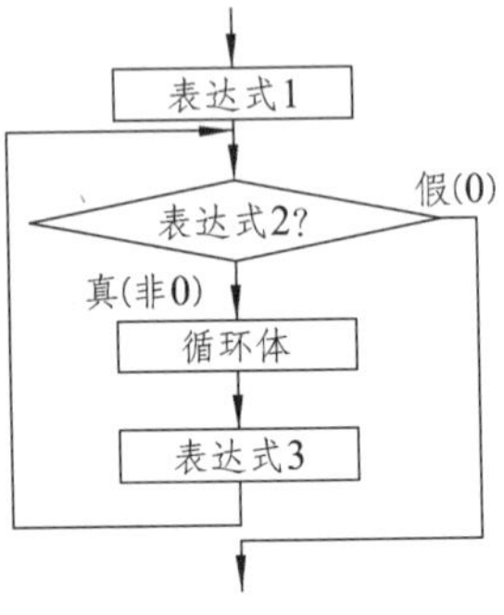

图 5-9　执行流程

3. 应用示例

【例 5-5】相传古代印度国王舍罕要褒奖聪明能干的宰相达

依尔（国际象棋的发明者），问他需要什么，达依尔回答说：“国王只要在国际象棋的棋盘上的第一个格子上放一粒米，第二个格子上放上 2 粒，第三个格子上放上 4 粒，以此类推，每格是前一格的 2 倍，一直放到 64 格，我就感恩不尽了”。国王答应了，结果全印度的粮食用完还是不够。国王纳闷，怎么也算不清这笔账。请用 C 语言编程来算一下。（1 m^3 米粒大约 1.42×10^8 粒）

算法分析：用变量 sum 存储一共所需的米粒，第 1 格用的米粒是 1；第 2 格是前一个的 2 倍则是 2^1；第 3 格是第 2 格的 2 倍则是 2^2；第 4 格是第 2 格的 2 倍则是 2^3；以此类推，第 64 格的粒米数是 2^{64-1}；所以 $sum=1+2^1+2^2+2^3+2^4+\cdots+2^{63}$。可以看出每个数列项都是前一个的 2 倍，因此，可以设置当前格子的粒米数量用 t 表示，则下一格粒米数量 t 等于前一格粒米数量 t 的 2 倍，即 t=t*2。

（1）“double v, sum=0, t=1;”语句中定义了三个双精度的变量。

① 变量 v 用来存储所需米的空间大小；

② sum 用来存放所需米的总颗粒数，初值定义为 0；

③ t 用来表示当前这一格所需的米数量，初值是 1。

（2）for 语句中含有三部分：

① “n=1”是循环控制变量，表示第几个格子，初值是第一格格子；

② “n<=63”是循环条件，指循环到第 64 格时结束循环；

③ “n++”是循环控制变量，指每次执行完循环体后就将控制变量 n 加 1。

（3）循环体还有两条语句：

① 语句“sum+=t;”即“sum=sum+t”表示将当前格子的米粒数累加至 sum。

② “t*=2;”即“t=t*2”，计算下一个格子的米粒数量。

```
#include "stdio.h"
void main()
{
    int n;
    double v，sum=0，t=1;
    for(n=1;n<64;n++)
    {   sum+=t;
        t*=2;
    }
    Printf("米的总颗粒数 sum=%e\n", sum);
    v=sum/1.42e8;
    printf("存储所需米的空间 v=%e\n", v) ;
}
```

运行结果如图 5-10 所示。

```
米的总颗粒数sum=9.223372e+018
存储所需要米的空间v=6.495332e+010
Press any key to continue
```

图 5-10　运行结果

多数情况下，for 循环结构可以用等价的 while 循环表示。for 语句的一般形式为：

```
for(表达式 1; 表达式 2;表达式 3)
    {语句; }
等价于
```

等价于

```
表达式 1;
while(表达式 2)
{  语句;
   表达式 3;
}
```

【例 5-6】利用 for 语句计算大赛选手总分。（有 10 位评委）

```
#include <stdio.h>
void main( )
{       double score, sum=0;
        int i;
        for(i=1;i<=10;i++)
        {       printf("请第%d 位评委亮分:", i);
                scanf("%lf", &score);
                sum=sum+score;
         }
        printf("该选手的总分为：%.2lf.\n", sum);
}
```

运行结果如图 5-11 所示。

```
请第1位评委亮分:9.0
请第2位评委亮分:8.8
请第3位评委亮分:7.6
请第4位评委亮分:5.7
请第5位评委亮分:8.8
请第6位评委亮分:7.6
请第7位评委亮分:7.4
请第8位评委亮分:7.5
请第9位评委亮分:7.8
请第10位评委亮分:6.8
该选手的总分为:77.00.
Press any key to continue
```

图 5-11　运行结果

【例 5-7】利用 for 语句计算 1+1/2+1/3+⋯+1/n。

```
#include <stdio.h>
void main( )
{     int i，n;
      float sum=0;
      printf("请输入 n 的值：");
      scanf("%d"，&n );
```

```
    for(i=1;i<=n;i++)
    { sum=sum+1.0/i;}
    printf("sum: %f.\n", sum);
}
```

运行结果如图 5-12 所示。

图 5-12　运行结果

4. for 循环语句说明

（1）在 for 语句中省略表达式。

for 循环中的“表达式 1”“表达式 2”和“表达式 3”都是可选项，即可以缺省，但表达式之间的分号“;”绝对不能缺省。

① 省略“表达式 1”，即不设置初值，语句格式为：

```
for(;表达式 2; 表达式 3)
```

应该注意的是，由于省略了“表达式 1”，没有对循环变量赋初值，因此，为了能正常执行循环，应在 for 语句之前给循环变量赋以初值，即“表达式 1”可以写在 for 语句结构的外面。例如：

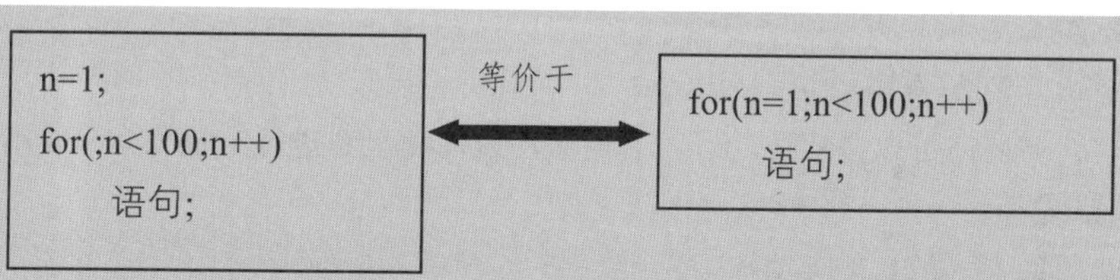

一般使用这种格式的原因是：循环控制变量的初值不是已知常量，而是需要通过前面语句的执行计算得到。

② 省略“表达式 2”，表示不用判断循环条件是否成立，循环条件总是满足的，如果不做其他处理，便成了死循环。

语句格式为：

```
for(表达式 1;;表达式 3)
```

等价于：

```
While(1)
```

例如：

```
for(i=1;;i+=2)
    s=s+i;  //循环无终止地进行，i 的值不断加大，s 的值也不断累加
```

③ 省略“表达式 3”，则不对循环控制变量进行操作，这时可在语句体中加入修改循环控制变量的语句。语句格式为：

```
for(表达式 1; 表达式 2;)
```

C 语言允许在循环体内改变循环控制变量的值，这在某些程序设计中很有用。一般当循环控制变量呈非规则变化，并且在循环体中有更新循环控制变量的语句时使用。

例如：

```
for(n=1;n<=100;)
{       …
            n=4*n-1；
     …
}              // 循环控制变量的变化为：1，3，11，43，…
```

④ 省略 3 个表达式，语句格式为：

```
for(;;)
```

这是一个无限循环语句，与 while(1)的功能相同，一般处理方法是：在循环体内的适当位置，利用条件表达式与 break 语句的配合中断循环，即当满足条件时，用 break 语句跳出 for 循环。

例如：

```
for(;;)
{   …
     if(x==0) break;
     …
}    //表示当 x 等于 0 时，使用 break 语句退出循环
```

（2）在 for 语句中省略语句。

for 语句的循环体可以是空语句，表示当循环条件满足时进行空操作。一般用于延时处理。语句格式为：

```
for(表达式 1; 表达式 2; 表达式 3)
```

例如：for（i=1;i<=20000;i++）

表示循环变量空循环了 20000 次，占用了一定的时间，起到了延长时间的效果。

（3）在 for 语句中逗号表达式的应用。

在 for 语句中，表达式 1 和表达式 3 可以是一个简单的表达式，也可以是逗号表达式，语句格式为：

```
for（逗号表达式 1; 表达式 2; 逗号表达式 3）
```

例如：

```
for(n=1, m=100; n<m; n++, m--)
     {   s=n+m; }
```

表达式 1 同时为 n 和 m 赋初值，表达式 3 同时改变 n 和 m 的值。

表示循环可以有多个控制变量，但是，逗号表达式可以与循环变量有关，也可以与循环变量无关。例如：

```
for(s=0, i=1; i<=100; i++)
{ s=s+i; }
```

s 的赋初值可以写在 for 语句之前，也可以写在表达式 1 中。

课堂练习

（1）编程计算：1 到 100 之间所有奇数的和。

（2）编程计算：for 和 if 的嵌套使用。求 1 到 100 之间所有能被 3 整除的数之和。

思考：大家想想如果不用 if，这个程序能不能写出来？当然能，能被 3 整除的数肯定是 3 的倍数，只要 i 每次自加 3 就行了。请完成程序的改写。

任务 5.5 循环结构控制语句

以上介绍的循环都是当循环条件为假时退出，然而，在某些场合，只要满足一定的条件就应当提前结束正在执行的循环操作。我们也可以使用 break 语句来直接退出循环。

在 C 语言中，可以使用转移语句来转移程序的正常执行流程。转移语句包括 break 语句、continue 语句和 goto 语句。下面我们对 break 语句和 continue 语句进行详细介绍。

任务 5.5.1 break 语句

前面我们已经介绍过可以使用 break 语句跳出 switch 结构，而去执行 switch 语句下面的语句。实际上，我们还可以使用 break 语句跳出循环体，而去执行循环下面的语句。

1. 语法格式

break 语句的一般形式为：

```
break;
```

break 语句只能出现在 switch 语句或循环语句的循环体中。break 语句在 while 循环结构中的应用如下：

```
while(表达式 1)
{       ……
    If(表达式 2)
        break;
    ……
}
```

正常情况下，该循环结构的执行由循环控制条件“表达式 1”控制，当“表达式 1”为假时，循环结束

在程序执行的过程中，如果“表达式 2”为真，则执行 break 语句，此时也会终止循环

2. 应用示例

【例 5-8】某班有 30 名新生，辅导员于 19:00 组织大家开班会利用 PPT 进行自我介绍，当第 5 名学生刚准备介绍时，突然停电了，使班会提前结束。

分析：设 i 为“循环变量”，控制学生人数（i<=30），当 i==5 成立时，结束循环。

提前结束循环，一般情况是有条件的；break 语句常常与 if 语句配合使用。本例中可以使用 for 循环语句来控制循环的次数，使用 if 语句配合 Break 语句，在第 5 名学生

的时候退出循环。

```
#include <stdio.h>
void main()
{int   i;
for(i=1; i<=30; i++)
      {   if(i==5)
         {   printf("因为突然停电，第%d 名学生没有介绍，班会提前结束。\n", i);
         break;
         }
         printf("第%d 名学生介绍完成。\n", i);
      }
}
```

【例 5-9】设计一个程序实现：输入若干字符，对输入的英文字母原样输出，其他字符不输出，直到输入回车键结束。

```
#include <stdio.h>
void main( )
{     char ch;
      while(1)
     {      ch=getchar();
             if(ch=='\n')
                     break;
             else if(ch>='a'&&ch<='z'||ch>='A'&&ch<='Z')
                    putchar(ch);
     }
}
```

本案例也是一个有条件退出的题目，所以使用了 while 循环，并且是无限循环，在满足条件“ch=='\n'”时，就退出循环，还使用了 if…else…语句来筛选字母并打印。

只能在 do-while、for、while 循环语句或 switch 语句体内使用 break 语句，其作用是使程序提前终止它所在的语句结构，转去执行下一条语句；若程序中有上述四种结构语句的嵌套使用，则 break 语句只能终止它所在的最内层的语句结构。

课堂练习

输入一个正整数 m，判断它是否为素数。

思路：判断一个数 m 否为素数，需要检查该数 m 是否能被 2 ~ m-1 之间的整数整除。数学上能证明，只需要检查该数 m 是否能被 2 ~ $\sqrt{m}$ 之间的整数整除即可。

设 i 取[2，$\sqrt{m}$]上的整数，如果 m 不能被该区间上的任何一个数整除，即对每一个 i，m%i 都不为 0，则 m 是素数；但是只要找到一个 i，使 m%i 为 0，则 m 肯定不是素数。

令 k=$\sqrt{m}$，则有：

（1）循环变量 i 的取值范围：[2，k]；

（2）需要判断的正整数：m；

（3）存放 m 的平方根的值：k=sqrt(m)。

任务 5.5.2　continue 语句

有时并不希望终止整个循环的操作，而只希望提前结束本次循环，而接着执行下次循环，这时可以用 continue 语句。

1. 语法格式

一般形式为：

```
continue;
```

其作用是结束本次循环，即跳过循环体中 continue 语句后面的语句，开始下一次循环。

continue 语句在 while 循环结构中的应用如下：

```
while(表达式 1)
{        ……
     if(表达式 2)
     continue;
        ……
}
```

在循环控制条件“表达式 1”成立的情况下，则执行循环体

在执行循环体的过程中。如果“表达式 2”为真，执行 continue 语句，即不再执行 continue 后面的循环体语句，转到“表达式 1”进行下一次循环控制条件的判定

continue 语句只能出现在 while、do-while 和 for 循环语句的循环体中。若执行 while 或 do-while 语句中的 continue 语句，则跳过循环体中 continue 语句后面的语句，直接转去判别下次循环控制条件；若 continue 语句出现在 for 语句中，则执行 continue 语句就是跳过循环体中 continue 语句后面的语句，转而执行 for 语句的表达式 3。在循环结构中，continue 语句通常与 if 语句一起使用，用来加速循环。

2. 应用示例

【例 5-10】某班有 30 名新生，辅导员于 19:00 组织大家开班会利用 PPT 进行自我介绍，当进行到第 8 名学生时，他因故请假，不能介绍了，第 9 名学生继续介绍，直到 30 名学生全部介绍完为止。

分析：设 i 为“循环变量”，控制学生人数（i<=30）。当 i==8 成立时，结束本次循环，进行下一次是否执行循环的判定。

```
#include <stdio.h>
void main()
{  int  i;
   for(i=1;  i<=30;  i++)
     {  if(i==8)
       { printf("第%d 名学生因故请假，不能介绍。\n", i);
```

```
            continue;
        }
        printf("第%d 名学生介绍完成。\n", i);
        }
}
```

【例 5-11】设计一个程序实现：输入若干字符，跳过输入的英文字母，其他字符原样输出，直到输入回车键结束。

本例中使用的是 while 循环来判定输入的字符是否是“\n”，若是就退出循环；若不是则继续判定是不是字母。使用 if 语句和 continue 来判定是否要退出本次循环，若输入的是字母就跳过本次循环继续下一次循环，不是字母就打印该字符。

字母的判定语句为：“ch>='a'&&ch<='z'||ch>='A'&&ch<='Z'”。

```
#include <stdio.h>
void main( )
{       char ch;
        while((ch=getchar())!='\n')
        {           if(ch>='a'&&ch<='z'||ch>='A'&&ch<='Z')
                            continue;
                    putchar(ch);
        }
}
```

课堂练习

要求编写一程序实现：1+2+3+4+…+8 在执行的 8 次循环中，当 i 的值为偶数时，执行 continue 语句，跳过 printf 语句，继续执行下一次循环，输出每一次的循环变量 i 和每一次循环后的和 s 的值。

任务 5.6　循环的嵌套

一个循环语句的循环体内包含另一个完整的循环结构，称为循环的嵌套。嵌在循环体内的循环称为内循环，嵌有内循环的循环称为外循环。内嵌的循环中还可以嵌套循环，这就是多重循环。

1. 程序的嵌套形式

三种循环语句 while 语句、do-while 语句和 for 语句可以互相嵌套，自由组合。外层循环体中可以包含一个或多个内层循环结构，但要注意的是，各循环必须完整包含，相互之间不允许有交叉现象。例如，下面几种形式都是合法的：

（1）
```
while(表达式){
   语句
   while(表达式){  ┐
        语句       │ 内循环
   }               ┘
}
```

（2）
```
do{
   语句
   do{              ┐
      语句          │ 内循环
   }while(表达式);  ┘
}while(表达式);
```

（3）
```
for(表达式1;表达式2;表达式3)
{
   语句
   for(表达式1;表达式2;表达式3)  ┐
   {                            │
       语句                     │ 内循环
   }                            ┘
}
```

（4）
```
while(表达式)
{
   语句
   for(表达式1;表达式2;表达式3)  ┐
   {                            │
     语句                       │ 内循环
   }                            ┘
}
```

这里只列举了一部分，当然还有不同结构的循环嵌套，在此不进行一一列举了，读者只要将每种循环结构的方式把握好，就可以正确写出循环嵌套。

2. 应用示例

【例 5-12】如图 5-14 所示的 8 行 8 星的图案如何使用循环语句来实现呢？

（1）怎样输出如图 5-13 所示的 1 行 8 个星号？

```
********
```

图 5-13　1 行 8 星

Putchar('*')；输出一个'*'，循环变量 j 控制 putchar('*')；重复执行的次数，也就是控制输出*输出个数。下面是使用 while 循环和 for 循环编写的程序代码。

while 循环

```
#include <stdio.h>
int main( )
{ int j=1;
      while(j<=8)
      { putchar('*');
         j++;
      }putchar('\n');
return 0;
}
```

for 循环

```
#include <stdio.h>
int main( )
{   int   j;
      for (j=1;j<=8;j++)
    putchar('*');
    putchar('\n');
return 0;
}
```

（2）怎样输出 8 行 8 个星号（见图 5-14）？

```
********
********
********
********
********
********
********
********
```

图 5-14　8 行 8 星

采用双层 for 循环：第一层循环控制行，即 i 控制内循环重复执行的次数，即输出的函数；第二层循环控制列，即循环变量 j 控制输出*的个数。

```
#include <stdio.h>
int main()
{
      int       i, j;
    for (i=1;i<=8;i++)                    //外循环控制行数
    { for (j=1;j<=8;j++)                  //内循环控制*的个数
          putchar(‘*’);
          putchar(‘\n’);                  //换行
    }
  return 0;
}
```

（3）怎样输出如图 5-15 所示的 8 行星号逐行加 1?

```
*
**
***
****
*****
******
*******
********
```

图 5-15　输出图形

找规律：每行‘*’个数随着行控制变量 i 的值变化而变化的。第 i 行：i 个*。

```
#include <stdio.h>
void main()
{     int       i, j;
    for (i=1;i<=8;i++)                    //外循环控制行数
    { for (j=1;j<=i;j++)                  //内循环控制*的个数
          putchar('*');
          putchar('\n');                  //换行
    }
 }
```

（4）怎样输出如图 5-16 所示的 8 行星号逐行加 1?

```
□□□□□□□*
□□□□□□**
□□□□□***
□□□□****
□□□*****
□□******
□*******
********
```

图 5-16　输出图形

找规律：第 i 行：8-i 个空格，第 i 行：i 个“*”。

```
#include <stdio.h>
void main()
{ int i, j;
   for (i=1;i<= 8;i++)          //外循环控制行数
  { for (j=1;j<= 8-i;j++)       //内循环控制空格的个数
        Putchar(' ');
         for (j=1;j<= i ;j++)   //内循环控制*的个数
         putchar('*');
         putchar('\n');          //换行
  }
}
```

3. 多重嵌套循环的执行

【例 5-13】在双层循环结构中，让循环变量 i 和 j 都循环 n 次，分析运行结果。

```
#include <stdio.h>
void main()
{   int i, j, n;
    printf("请输入 n 的值: ");
    scanf("%d", &n);
    for(i=1;i<=n;i++)
        for(j=1;j<=n;j++)
          printf(" i=%d, j=%d:\n", i, j);
}
```

运行结果如图 5-17 所示。

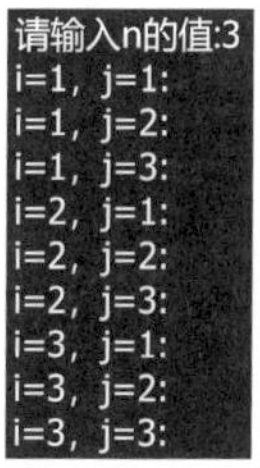

图 5-17　运行结果

通过上面这个程序的运行结果可知，当输入 n 的值为 3 时，内层循环 j 累计 3 次后，外层循环 i 才累加 1 次。

【例 5-14】编程计算输出 1！+2！+3！+…+n!

```
#include <stdio.h>
void main()
{
    int i, j, n;
```

```
        long p, sum=0;
        printf("please enter n:");
        scanf("%d", &n);
        for (i=1;i<=n;i++)
        {p=1;
          for(j=1; j<=i; j++)
            {p=p*j;}
            sum=sum+p;}
         printf("sum=%ld:\n", sum);
}
```

执行过程见表 5-1。

表 5-1　执行过程

i	j	内循环 p (累加项)	外循环 sum 旧值	外循环 sum 新值
1	1	1（1!）	0	1
2	1	1		
	2	2（2!）	1	3
3	1	1		
	2	2		
	3	6（3!）	3	9
4	1	1		
	2	2		
	3	6		
	4	24（4!）	9	33

阶乘的第一种计算方法：

1!=1；

2!=1*2；

3!=1*2*3；

4!=1*2*3*4；

5!=1*2*3*4*5；

6!=1*2*3*4*5*6；

⋮

阶乘的第二种计算方法：

1!=1；

2!=1!*2；

3!=2!*3；

4!= 3!*4;

5!= 4!*5;

6!= 5!*6;

⋮

编程中计算阶乘采用的就是第二种方法，在将每次的阶乘累加起来即可。

sum=sum+1! ;

sum=sum+2! ;

sum=sum+3!;

sum=sum+4!;

⋮

循环的嵌套常用于解决图形打印、矩阵运算、报表打印这类问题。

课堂练习

编写程序：如何用循环方式输出如图 5-18 所示的图案呢？

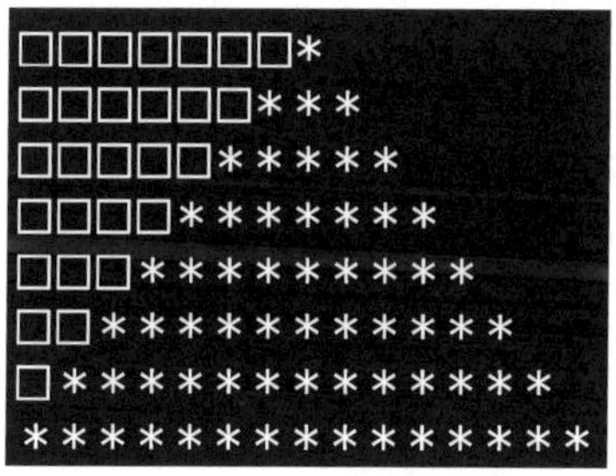

图 5-18　输出图案

项目考核

一、选择题

1. C 语言用（　　）表示逻辑“真”值。

A. true　　B. t 或 y　　C. 非零整数值　　D. 整数 0

2. 语句 while（!e）；中的条件!e 等价于（　　）。

A. e = = 0　　B. e! = 1　　C. e! = 0　　D. ~e

3. 以下 for 循环是（　　）。

```
for(x = 0, y = 0; (y!=123)&&(x<4); x++);
```

A. 无限循环　　B. 循环次数不定

C. 执行 4 次　　D. 执行 3 次

4. 下面有关 for 循环的正确描述是（　　）。

A. for 循环只能用于循环次数已经确定的情况

B. for 循环是先执行循环体语句，后判定表达式

C. 在 for 循环中，不能用 break 语句跳出循环体

D. for 循环体语句中，可以包含多条语句，但要用花括号括起来

5. 对于 for（表达式 1;;表达式 3）可理解为（　　）。

A. for(表达式 1;1; 表达式 3）

B. for（表达式 1:1; 表达式 3）

C. for（表达式 1; 表达式 1; 表达式 3）

D. for（表达式 1; 表达式 3; 表达式 3）

6. 下面程序段的运行结果是（　　）。

```
x=y=0;
while(x<15) y++, x+=++y;
printf("%d, %d"'y'x）;
```

A. 20，7　　B. 6，12　　C. 20，8　　D. 8，20

7. 下面程序段的运行结果是（　　）。

```
int n=0;
while(n++<=2);
printf(“%d”, n);
```

A. 2　　B. 3　　C. 4　　D. 有语法错

8. 设有程序段

```
t=0
while(printf(“*”))
{t++;
If(t<3) bread;
}
```

下面描述正确的是（　　）。

A. 其中循环控制表达式与 0 等价

B. 其中循环控制表达式与‘0’等价

C. 其中循环控制表达式是不合法的

D. 以上说法都不对

9. 下面程序的功能是将从键盘输入的一组字符中统计出大写字母的个数 m 和小写字母的个数 n，并输入 m，n 中的较大数，请选择填空（　　）（　　）。

```
main()
{int m=0, n=o;
char c;
while(①  !='\n')
{if(c>='A'&&c<='Z')m++;
if(c>='a'&&c<='z')n++;}
printf("%d\n", m<n?  (②));
}
```

① A. c=getchar()　B. getchar()　C. c=getchar　D. scanf(“%dc”, c)

② A. n:m　B. m:n　C. m:m　D. n:n

10. 下面程序的功能是将小写字母变成对应的大写字母后的第二个字母。其中 y 变成 A，z 变成 B。请选择填空（　　）（　　）。

```
main()
{ char c;
  while((c=getchar())!='\n')
  { if(c>='a'&&c<='z')
    {(①);
       fr(c>'Z'&&c<='Z'+2)
    (②);  }
  printf("%c", c); }
}
```

① A. c+=2　B. c-=32　C. c=c+32+2　D. c-=30

② A. c='B'　B. c='a'　C. c-=26　D. c=c+26

二、判断题

（　）1. continue 语句只能出现在 while、do-while 循环语句的循环体中。

（　）2. break 语句只能出现在循环语句的循环体中。

（　）3. 一个循环语句的循环体内包含另一个完整的循环结构，称为循环的嵌套。

（　）4. for 循环语句中的 3 个表达式都可以省略。

（　）5. break 语句不能用于循环语句之外的任何其他语句中。

（　）6. continue 语句只结束本次循环，而不是终止整个循环的执行。

（　）7. break 语句结束整个循环过程，不再判断执行循环的条件是否成立。

（　）8. 三种循环 while 循环、do-while 循环、for 循环可以相互嵌套。

（　）9. 在 while 和 do-while 循环中，循环体应包含使循环趋于结束的语句。

（　）10. for 语句只能在表达式 1 中实现循环变量的初始化。

三、填空题

1. 下面程序的运行结果是 ________ 。

```
#include<stdio.h>
Main( )
{int a, s, n, count;
 a=2;s=0;n=1;count=1;
 while（count<=7）     {n=n*a; s=s+n; ++count}
 printf("s=%", s);
}
```

2. 当运行以下程序时，从键盘出入 China#<CR>，则下面程序的运行结果是_____。

```
#include<stdio.h>
main( )
{int v1=0，v2=0，charch;
 while((ch=getchar())! ='#')
   switch(ch)
     {case'a':
Case'h':
default: v1++
case'o': v2++
     }
 printf(“%d, %d\n”, v1, v2);
}
```

3. 执行下面程序段后，k 值是________________。

```
k=1; n=263;
do{k*=n%10; n/=10}   while(n);
```

4. 下面程序段中循环体的执行次数是 ________________ 。

```
a=10;   b=0;
do{b+=2;a-+2+b; } while (a>=0);
```

5. 下面程序段的运行结果是 ____________ 。

```
x=2;   do{printf(“*”); x--;}while(!x= =0);
```

项目实训

1. 程序实现：在屏幕上输出如下的一张九九乘法表。

1*1=1								
1*2=2	2*2=4							
1*3=3	2*3=6	3*3=9						
1*4=4	2*4=8	3*4=12	4*4=16					
1*5=5	2*5=10	3*5=15	4*5=20	5*5=25				
1*6=6	2*6=12	3*6=18	4*6=24	5*6=30	6*6=36			
1*7=7	2*7=14	3*7=21	4*7=28	5*7=35	6*7=42	7*7=49		
1*8=8	2*8=16	3*8=24	4*8=32	5*8=40	6*8=48	7*8=56	8*8=64	
1*9=9	2*9=18	3*9=27	4*9=36	5*9=45	6*9=54	7*9=63	8*9=72	9*9=81

2. 编程实现：从键盘输入1000个学生某一门课的成绩值（百分制），统计大于或等于80分的人数、大于或等于60分并且小于80分的人数、小于60分的人数。

思路：

可以通过循环实现。每次循环输入一个成绩值，判断该成绩值属于哪一种类型，然后让相应的变量累加。循环结束后输出统计结果即可。

思考：如果学生人数不固定，应该如何编程？如果用while循环或do-while循环解决本问题，应该如何编程？

3. 编程实现：古代某工地需要搬砖块，已知男人一人搬3块，女人一人搬2块，小孩两人搬1块。问用45人正好搬45块砖，有多少种搬法。

思路1：

这是一个组合问题，由3个因数决定组合的数量（即搬法的种数）：男人、女人和小孩的人数，人数的取值范围为0~45，各类人数的取值与其他类人数的取值无关，但最后加起来正好45人。因此对于每类人数的取值都要反复地试，最后确定正好满足45人搬45块砖的组合。

思路2：

由于最多只有45块砖，男人的数量不会超过15人，女人的数量不会超过22人，而且男人和女人的数量确定下来后，小孩的数量是：

$$小孩数 = 45 - 男人数 - 女人数$$

思考：不用for循环解决本问题，应该如何编程？

项目 6　数据的处理批量

项目导读

在计算机应用领域中，常常会遇到需要处理大量数据的问题，其特点是：数据量很大，数据之间存在一定的内在关系。那么，如果用前面介绍过的简单变量来处理这样的数据将十分不方便，甚至不能处理。为了解决这一问题，C 语言引入了一个重要的数据结构——数组。

本项目介绍了在 C 语言中如何定义和使用数组，包括一维数组、二维数组、字符数组和字符串。

学习目标

- 理解一维数组的概念，掌握定义、引用和初始化一维数组的方法；
- 理解二维数组的概念，掌握定义、引用和初始化二维数组的方法；
- 掌握定义、引用字符型数组元素的方法；
- 理解字符串变量在内存中的存储方法，掌握针对字符串的程序设计方法。

我们在前面的项目中已经碰到过这样的例子：求两个整数中的较小数或者较大数。那么大家想一下，如果要求大家找出 10 个整数中的最小数呢？按照我们前面学到的内容，我们需要先定义 10 个变量 a1，a2，a3，…，a10，然后这 10 个变量之间又要相互比较，求出最小数。再如，对于某大赛，若有 10 位评委，则必须定义 10 个变量，若有 100 位评委……怎么办？显然，这样处理是非常麻烦的。

在这里，我们可以使用数组来解决问题。数组是具有相同数据类型变量的集合，这些变量具有相同的名字，但用不同的下标来表明数据的位置，一般称这些变量为数组元素。将数组与循环结合起来，可以有效地处理大批量的数据，从而大大提高工作效率。

任务 6.1　一维数组

任务 6.1.1　一维数组的定义

数组是一组用来存放多个相同类型的数据集合，该集合中的每一个成员称为数组元素。通过数组名和一个下标唯一确定的称为一维数组。数组在使用前必须先定义。

1. 语法格式

类型标识符　数组名[整型常量表达式];

例如:

```
int   a[5] ;          // 定义了一个整型数组 a，有 5 个元素
float   n[20];        // 定义了一个整型数组 n，有 20 个元素
```

2. 说　明

（1）“类型标识符”表示数组中每个元素的数据类型。类型标识符可以是任意基本数据类型或构造数据类型，如 int、float、char 等。

（2）“数组名”应是合法的用户标识符。数组名是用户定义的数组标识符。对于数组元素来说，具有一个共同的名字，即数组名。例如:

```
int   a-1[10];  // a-1：不是合法标识符
```

（3）“整型常量表达式”必须用一对方括号括起来，不能用其他括号。例如:

```
int   b[5];    √       int   b{5};    ×      int   b(5);    ×
```

（4）“整型常量表达式”表示数组长度（数组元素个数）。例如:

```
int   a[5];       // 数组 a 有 5 个元素，分别是：a[0]、a[1]、a[2]、a[3]、a[4]
int   a[2*30];    // 数组 a 有 60 个元素，分别是：a[0]、a[1]、a[2]、…、a[59]
```

（5）“整型常量表达式”也可以用符号常量表示。例如:

```
#define    N    10;
……
int   b[N];
```

（6）不允许对数组的大小动态定义。例如:

```
int   b[n];   // n 为下标不可以是变量
```

（7）“下标下限为 0，下标上限为“整型常量表达式 - 1”。例如:

```
int   b[5]; // 数组 b 有 5 个元素，分别是：b[0]、b[1]、b[2]、b[3]、b[4]。
```

（8）C 系统为数组分配连续的存储空间，数组名代表数组在内存中存放的首地址（即数组第一个元素在内存中的存储地址）。

例如：int　a[10]; 其存储方式如下：

a

a[0]	a[1]	a[2]	a[3]	a[4]	a[5]	a[6]	a[7]	a[8]	a[9]

（9）数组名不能与其他变量同名。例如:

```
int a;
float a[10];    // 数组名 a 与变量名 a 重名了，这是不允许的
```

（10）常量表达式可以是整型常量或整型符号常量，其值应为整型，不能是变量。例如:

```
#define NUM 5
main()
```

```
{ int  n, m ;
  int a[3+2],  b[7+NUM] ;      // NUM 属于符号常量，数组 b[7+NUM]   √
  float c[n], d[m+10] ;  ……}  // m 属于变量，数组 d[m+10]   ×
```

（11）C 语言不允许对数组作动态定义。例如：

```
int n=5;
scanf("%d", &n);
int a[n];       /*程序段是错误的，它对数组大小作了动态定义。*/
```

3. 应　用

（1）定义一维数组，用来保存某大赛中 10 位评委亮出的分数。例如：

```
float a[10];
```

（2）定义一数组，存放 50 名学生的成绩。例如：

```
int score[50];
```

任务 6.1.2　一维数组的初始化

对一维数组元素赋初值，即初始化。与一般变量的初始化一样，数组的初始化就是在定义数组的同时，给其数组元素赋初值。数组初始化是在编译阶段进行的，这样就会减少程序的运行时间，从而提高程序效率。

1. 初始化方法

一维数组的初始化有以下几种情况：

情况 1：定义数组的同时对数组全部元素赋初值。例如：

```
int array[5]={0, 1, 2, 3, 4};  // 将各元素的初值顺序放在{ }内，数据间逗号分隔
/*给一维数组全部元素赋初值时，下标可以省略。*/
```

例如：int m[10]={ 1, 2, 35, 4, 5, 18, 9, 7, 6 ,0 }; 等价于 int m[　]={ 1, 2, 35, 4, 5, 18, 9, 7, 6 ,0 };

情况 2：对数组部分元素赋初值。例如：

```
float n[10]={ 1.1, 24.5, 3.9 };     // 后 7 个元素系统赋初始值为 0.0
```

例如：int array[8]={0,1,2,3,4}; 等价于：int array[8]={0,1,2,3,4,0,0,0};

情况 3：数组的赋值只能逐个对数组元素赋值，不能直接对数组名赋值。因数组在内存占一片连续的存储空间，可用循环语句处理数组。例如：

```
① for(i=0; i<5; i++)          ② for(i=0; i<100; i++)
   a[i]=(i + 1)*100;             a[i]=i + 1;
```

情况 4：可以在程序执行过程中对数组作动态赋值。用循环语句配合 scanf 函数逐个对数组元素赋值。通过单重循环语句为一维数组的多个元素赋值；通过双重循环语句为二维数组的多个元素赋值。例如：

```
int i, a[5];
for(i=0; i<5; i++)
scanf("%d", &a[i]);
```

2. 说　明

（1）对数组的部分元素赋初值时，这些元素只能是从首元素开始的若干连续元素。例如：

```
int array[5]={ , 1 , 2 } ;      ×          int array[5]={ 0 , , 2 } ;      ×
```

（2）如果赋值个数超过数组长度，那么会导致语法错误。例如：

```
int array[4]={0, 1, 2, 3, 4};      ×
```

3. 应　用

（1）定义一个用来保存 10 位评委分数的数组，并进行初始化。例如：

```
float a[10]={9.1, 8.7, 9.0, 9.5, 8.9, 8.8, 9.2, 9.8, 9.3, 9.6};
```

（2）定义一个数组，存放 1 种商品的 5 种不同的单价。例如：

```
float   pri[ ]={2.1, 1.8, 1.7, 1.4, 1.5};
```

任务 6.1.2　一维数组的引用

要使用数组，可以通过引用数组元素的方式使用该数组中的元素。

1. 引用格式

```
数组名[下标]
```

例如：

```
int a[10];   a[0]=8;   //引用 a[0]元素，为其赋值为 8
scanf("%d", &a[2]);   //引用 a[2]元素，通过键盘为其输入值
```

2. 说　明

（1）只能逐个引用数组元素，不能一次引用整个数组。

（2）下标可以是整型常量、变量或表达式。

（3）下标是数组元素在数组中的顺序号，其取值范围从 0 开始到数组长度减 1。

例如：若有定义：int a[10];，则 a[5]、a[5+4]、a[2*3]、a[i](其中 i=4)都是数组 a 中的数组元素。

（4）数组中元素具有相同数据类型，每个元素都可以单独作为该类型的变量来使用。例如：

```
① a[2]+=3; a[4]=a[1]+a[5];
② int n=5, a[10];   a[n]=20;     /* 合法*/
```

（5）下标可以为整型常量，也可以是整型表达式。例如：

```
array[4-1];        /*相当于 array[3]*/
array[4/3];        /*相当于 array[1]*/
array[2*2];        /*相当于 array[4]*/
```

3. 应用示例

【例 6-1】编程实现：定义一个数组 a[10]存储 0~9 十个数，然后逆序输出。

```
#include <stdio.h>
```

```
void main()
{   int I, a[10];
    for(i=0; i<=9;i++)     a[i]=i;
    for(i=9; i>=0;i--)
        printf("%d    ", a[i]);
}
```

运行结果如图 6-1 所示。

```
9 8 7 6 5 4 3 2 1 0
```

图 6-1　运行结果

本例中使用了 for 循环输入、输出数组的元素，也可以使用其他的形式编写本程序。

【例 6-2】利用赋值运算符给数组元素赋值。

```
void main()
{   int a[10]={1, 2, 3, 4, 5, 6, 7, 8, 9, 10};
    int i=2, s[3];
    s[0]=a[ i ];
    s[1]=a[2*i];
    s[2]=a[2*i+1];
    printf("s[0]=%d, s[1]=%d, s[2]=%d\n", s[0], s[1], s[2]);
}
```

运行结果如图 6-2 所示。

```
s[0]=3, s[1]=5, s[2]=6
Press any key to continue
```

图 6-2　运行结果

【例 6-3】程序运行时从键盘输入为数组元素赋值。

```
void main ( )
{    int i， a[5];
     for(i=0;i<5;i++)
         scanf("%d", &a[ i ]);
     for(i=0; i<5; i++)
     printf("%d    ", a[ i ]);
}
```

运行结果如图 6-3 所示。

```
16  20  14  5  25
16  20  14  5  25
```

图 6-3　运行结果

【例 6-4】编写程序，实现从键盘中输入 10 个互不相同的整数，输出这 10 个数并求其中的最小数。

分析：这里我们需要 10 个变量用来存储这 10 个整数，因此，可定义一个整型数组，包含 10 个数组元素。定义一个变量 min 用来存储最小值，先将 a[0]赋给 min，然后将 a[1] ~ a[9]逐个与 min 进行比较，若小于 min，则将值赋给 min，最后输出 min 的值即为最小值。

```
#include <stdio.h>
int main()
{        int a[10];                    /*数组定义，定义数组 a*/
         int i, min;                   /*定义循环变量 i 和最小值 min*/
         for(i=0;i<=9;i++)             /*循环 10 次*/
  scanf("%d", &a[i]);                  /*数组引用，给数组元素赋值*/
         for(i=0; i<=9; i++)           /*循环 10 次*/
  printf("%4d", a[i]);                 /*数组引用，输出数组元素的值*/
         min=a[0];                     /*数组引用，给 min 变量赋初值*/
         for(i=1; i<=9; i++)           /*循环 9 次*/
  if(min>a[i])                         /*数组引用，如果 min 大于 a[i]*/
              min=a[i];                /*数组引用，将较小的赋给 min*/
         printf("\n 最小值为%d\n", min);       /*输出最小值*/
         return 0;
}
```

由于不能对数组整体进行（读取）操作，只能对数组的元素进行操作，因此，如果要输入或输出 a[0]到 a[9]的所有数据，需要用到循环语句，让循环变量从 0 到 9 循环，从而输入或输出数组中的每个数。

课堂练习

编写程序，由键盘输入 12 个整数，输出其中的最大值。

任务 6.2　二维数组

任务 6.2.1　二维数组的定义

在实际应用中，很多问题是二维的，具有行和列的特点。例如，现在有一个 10 行 10 列的矩阵，该如何存储？在本任务中，我们就来学习二维数组的使用，所以 C 语言还允许构造多维数组。多维数组元素有多个下标，以标识它在数组中的位置，所以也称多下标变量。本任务只介绍二维数组，多维数组可由二维数组类推得到。

1. 语法格式

```
类型标识符　数组名[整型常量表达式 1] [整型常量表达式 2];
```

其中，常量表达式 1 表示行下标，常量表达式 2 表示列下标。数组元素个数为：常量表达式 1 常量表达式 2。与一维数组相同，下标值从 0 开始。例如：

```
int x[2][3];    /*x 是二维数组名，这个二维数组共有 6 个元素（2×3=6），分别是：
x[0][0]、x[0][1]、x[0][2]、x[1][0]、x[1][1]、x[1][2]，其全部元素数据类型均为整型。二
维数组在概念上是二维的，但在存储器中是按一维线性排列的。在 C 语言中，二维数组
是按行排列的。*/
```

2. 说　明

（1）“整型常量表达式 1”表示第一维下标的长度，“整型常量表达式 2”表示第二维下标的长度，两个表达式分别用方括号括起来。例如：

```
int   a[3][4];      √
int   a[3, 4];      ×
```

（2）二维数组可被看作是一种特殊的一维数组：它的元素又是一个一维数组。

例如：把 a 看作是一个一维数组，它有 3 个元素：　a[0]、a[1]、a[2]

每个元素又是一个包含 4 个元素的一维数组：

a[0]	a[0][0]	a[0][1]	a[0][2]	a[0][3]
a[1]	a[1][0]	a[1][1]	a[1][2]	a[1][3]
a[2]	a[2][0]	a[2][1]	a[2][2]	a[2][3]

（3）系统为二维数组分配连续的存储空间，将二维数组元素按行依次存储，数组名代表数组在内存中存放的首地址。例如：

```
int   a[3][4];
```

a

a[0]				a[1]				a[2]			
a[0][0]	a[0][1]	a[0][2]	a[0][3]	a[1][0]	a[1][1]	a[1][2]	a[1][3]	a[2][0]	a[2][1]	a[2][2]	a[2][3]

3. 应　用

（1）一学习小组有 4 人，每人有 3 门课程成绩。例如：

```
int score[4][3];
```

（2）有一个 3 层书架，每层放 60 本书。例如：

```
float a [3] [60];
```

任务 6.2.2　二维数组初始化

1. 初始化方法

对二维数组元素赋初值，即初始化。二维数组的初始化有以下两种情况：

情况 1：对二维数组全部元素赋初值。

```
例如：int a[3][3]={{1,28,4},{15,7,8},{9,111,12}};
等价于：int a[3][3]={ 1, 28, 4, 15, 7, 8, 9, 111 ,12 };
/*每一行的{}可以省略,最外层的不能省*/
int a[   ][3]={ 1, 28, 4, 15, 7, 8, 9, 111 ,12 };
```

```
/*第一维长度可不指定,但第二维长度不能省略*/
```

情况 2：对二维数组部分元素赋初值。

```
例如：float b[2][3]={{1.1}, {3.9,1.0}};
等价于：float b[2][3]={{1.1,0.0,0.0}, {3.9,1.0,0.0}};
例如：int a[3][4]={{1},{2},{3}};                int a[3][4]={1,2,3};
```

1	0	0	0
2	0	0	0
3	0	0	0

1	2	3	0
0	0	0	0
0	0	0	0

2. 引　用

引用数组中的元素可通过使用数组名及下标来实现。

引用格式如下：

```
数组名[下标 1] [下标 2]
```

只能逐个引用数组元素，不能一次引用整个数组。下标可是整型常量、变量或表达式。

二维数组可以根据需要进行初始化，对二维数组访问一般用双重循环实现。

【例 6-5】二维数组数据的输入和输出。

```
#include <stdio.h>
void main()
{       int a[3][4], i, j;
        for(i=0;i<3;i++)                    //二维数组的输入
            for(j=0;j<4;j++)
                scanf("%d", &a[i][j]);
        for(i=0;i<3;i++)                    //二维数组的输出
           {    for(j=0;j<4;j++)
                    printf(" %d", a[i][j]);
                printf("\n");               //每输出一行后换行
           }
}
```

3. 应用示例

【例 6-6】有一双层书架，每一层放 5 本书，其单价见表 6-1，求所有书单价之和并找出其最低价格。

表 6-1　图书单价

34	21	28	65	67
50	74	62	99	54

```
#include <stdio.h>
int main()
 {   int min, i, j, s=0;
       int a[2][5]={{34, 21, 28, 65, 67}, {50, 74, 62, 99, 54}};
        min=a[0][0];
        for (i=0;i<2;i++)
            for (j=0;j<5;j++)
         { if (a[i][j]<min)
               min=a[i][j];
               s=s+a[i][j];
         }
               printf("最小值是：%d 数组和为：%d\n", min, s);
               return 0;
  }
```

【例 6-7】将一个二维数组 a 的行和列的元素（即行列转置），存到另一个二维数组 b 中。例如：

$$a=\begin{bmatrix}1 & 2 & 3\\4 & 5 & 6\end{bmatrix} \qquad b=\begin{bmatrix}1 & 4\\2 & 5\\3 & 6\end{bmatrix}$$

算法分析：

（1）变量定义和初始化。

定义数组 a[2][3]，数组 b[3][2]，循环控制变量 i 和 j。

（2）用嵌套循环实现数组 a 的行列转置，并存放到数组 b 中。

外层循环控制数组 a 的行下标变量 i 的取值范围：0 ~ 1。

内层循环控制数组 a 的列下标变量 j 的取值范围：0 ~ 2。

循环体部分：b[j][i]=a[i][j];

（3）打印输出数组 a 和数组 b。

```
#include <stdio.h>
int main()
{
        int a[2][3]={{1,2,3},{4,5,6}};     /*变量定义和初始化*/
        int b[3][2],i,j;
        printf("array a:\n");
        for(i=0;i<=1;i++)                  /*外层循环*/
        {  for(j=0;j<=2;j++)               /*内层循环*/
           {   printf("%5d",a[i][j]);      /*输出 a 数组*/
                b[j][i]=a[i][j];           /*为 b 数组赋值*/
```

```
        }
      printf("\n");        /*换行*/
      }
      for(i=0;i<=2;i++)
        {  for(j=0;j<=1;j++)
        printf("%5d",b[i][j]);   /*输出 b 数组*/
        printf("\n");
        }
      return 0;
}
```

任务 6.3　字符数组定义及初始化

数组中的元素数据类型为字符型时称为字符数组。字符数组的应用比较广泛，尤其是作为字符串形式使用时有着自己的特点，因此，在这里专门加以讨论学习。

前面介绍的都是数值型数组，即数组元素都是数值型。那么还有一种数组，其每个元素都是一个字符，也就是说，数组元素的数据类型都是 char 类型，称为字符数组。字符数组实际上是一组字符构成的集合，其中的每个元素用来存放字符串中的一个字符。定义字符数组的方法与定义数值型数组的方法类似。

任务 6.3.1　字符数组定义

一维字符数组的定义格式：

```
char    数组名[常量表达式];
```

例如：

```
char a[10];        /*定义了一维字符数组 a*/
```

二维字符数组的定义格式：

```
char   数组名[常量表达式 1][常量表达式 2];
```

例如：

```
char b[3][4];     /*定义了二维字符数组 b*/
```

任务 6.3. 2　初始化

1. 初始化方法

对字符数组元素赋初值，即初始化。

数组的初始化与数组的初始化一样，可以在定义时初始化，也可以先定义后初始化。

对字符数组初始化，最容易理解的方式是逐个字符赋给数组中各元素。例如：

```
char c[10]= { 'I', ' ␣ ', 'a', 'm', ' ␣ ', 'h', 'a', 'p', 'p', 'y' } ;
```

等价于：

```
c[0]='I'; c[1]=' ␣ '; c[2]='a'; c[3]='m'; c[4]=' ␣ ';
```

```
c[5]= 'h'; c[6]= 'a';     c[7]= 'p'; c[8]= 'p'; c[9]= 'y';
```

以上定义 C 为字符数组，包含 10 个元素，赋值后数组的状态见表 6-2。

表 6-2　赋值后数组的状态

c[0]	c[1]	c[2]	c[3]	c[4]	c[5]	c[6]	c[7]	c[8]	c[9]
I	⊔	a	m	⊔	h	a	p	p	y

字符数组的初始化，一般有以下几种情况：

情况 1：定义字符数组的同时用字符为其赋初值，存储方式如下：

例如：

```
char s[5]={ 'S', 't', 'u', 'd', 'y'};            // 字符间用逗号分隔
```

S

S	t	u	d	y

情况 2：定义字符数组的同时用字符串为其赋值，字符串的末尾必须要以‘\0’结束。存储方式如下：

例如：

```
char s[6]={"Study"}; 等价为 char s[6]= "Study";
```

S

S	t	u	d	y	\0

情况 3：定义二维字符数组的同时用字符串赋值，存储方式如下：

例如：

```
char   str[3][10]={"keyboard", "mouse", "monitor" };
```

str

str[0]	k	e	y	b	o	a	r	d	\0	\0
str[1]	m	o	u	s	e	\0	\0	\0	\0	\0
str[2]	m	o	n	i	t	o	r	\0	\0	\0

情况 4：二维字符数组可存放多个字符串。第一维的长度代表要存储的字符串的个数，可以省略；第二维的长度不能缺省，应按最长的字符串长度设定。存储方式如下：

例如：

```
char book[3][8]={ "Math", "English", "Physics"};
```

等价于：

```
char book[][8]={ "Math", "English", "Physics"};
```

M	a	t	h	\0	\0	\0	\0
E	n	g	l	i	s	h	\0
P	h	y	s	i	c	s	\0

2. 说　明

（1）用字符串常量初始化时，字符数组的下标可以省略，其数组元素个数由赋值的字符串的长度决定。例如：

```
char str[]="1a2b3c";等同于 char str[7]="1a2b3c";
```

（2）二维字符数组的初始化可以用初始值表的方法，也可以用字符串常量的方法。例如：

```
char s5[3][4]={{ 'a', 'b', 'c','\0'},{ '1', '2', '3','\0'},{ 'm', 'n', 'l','\0'}};
char s5[3][4]={ "abc","123","mnl"};
char s5[][4]= { "abc","123","mnl"};
```

（3）字符数组在使用时，不能将一个字符串直接赋给一个字符数组名，只能对字符数组的元素逐个赋值。例如：

```
char s[10];      s="abcde";    ╳
```

3. 字符数组引用

用字符数组的下标指定要引用的数组元素。

一维字符数组的引用格式：

```
数组名 [下标]
```

二维字符数组的引用格式：

```
数组名 [行下标] [列下标]
```

4. 应用示例

【例 6-8】编程实现：输出一个字符串：I am happy。（ └┘ 表示空格）

```
#include <stdio.h>
 void main()
{
        char c[10]= { 'I', ' └┘ ', 'a', 'm', ' └┘ ', 'h', 'a', 'p', 'p', 'y' } ;
        // 定义字符数组 c，并赋初值
        int i;
        for(i=0;i<10;i++)               // 循环 10，打印字符数组 c 的值
        printf("%c", c[i]);             // 循环 10，打印字符数组 c 的值
        printf("\n");
}
```

课堂练习

编程实现：输出一个菱形图（见图 6-4）。

思路：定义一个字符型的二维数组，用"初始化列表"进行初始化，用嵌套的 for 循环输出字符数组中的所有元素。

图 6-4　菱形图

任务 6.4　字符数组的输入与输出

在 C 语言程序设计中，一维字符数组的输入、输出操作有三种方法。

任务 6.4.1　逐个字符输入/输出

（1）格式化输入/输出函数可以输入/输出任何类型的数据。若要输入/输出字符，使用格式符%c。

① 从键盘读取一个字符：scanf("%c", 数组元素地址);

② 向显示器输出一个字符：printf("%c", 数组元素);

（2）利用前面介绍过的字符输入/输出函数输入/输出一个字符。

① getchar 函数为字符输入函数，函数调用格式：getchar();

② putchar 函数为字符输出函数，函数调用格式：putchar(字符名);

例如：

```
char str[6];
int i;
for(i=0;i<6;i++)
        scanf("%c", &str[i]);                /*字符数组输入*/
for(i=0; i<6; i++)
        printf("%c", str[i]);                /*字符数组输出*/
```

任务 6.4.2　整个字符串一次输入输出

（1）利用格式化输入/输出函数输入/输出字符串，使用格式符%s 即可。

① 从键盘读取一串字符：scanf("%s", 数组名);

② 向显示器输出一串字符：printf("%s", 数组名);

当输入完要输入的字符串时，字符数组自动包含一个'\0'结束标志。输出字符串时，遇'\0'结束。

例如：

```
char str[6];
scanf("%s", str);        /*字符串输入*/
printf("%s", str);       /*字符串输出*/
```

字符数组名表示的是数组的首地址，所以以%s 的格式输入/输出一个字符串时，字符数组名前面不能再加取地址符号“&”。空格、回车或 Tab 键是字符串输入结束的标志。例如：

```
char str[13];
scanf("%s", str);
printf("%s", str);
```

```
输入：Hello   World！↙
输出：Hello
```

因为输入的“Hello”与“World!”之间有空格，所以系统自动认为已经结束了输入，所以输出的时候，就没有输出“World!”。

任务 6.4.3 使用字符串输入/输出函数

使用字符串处理函数 gets 和 puts 把字符串作为一个整体输入/输出，使用时就需要在程序开头添加预编译命令：#include <stdio.h>。例如：

```
char str[13];
gets(str);
puts(str);
```

```
输入：Hello   World！↙
输出：Hello
```

使用 gets 函数将字符串整体进行输入时，系统自动在末尾添加一个‘\0’。输入的字符串中若包含空格、Tab 键等字符信息均能正常输入，仅以回车作为字符串输入结束的标志。

使用 puts 函数将字符串整体进行输出时，系统一旦遇到‘\0’便停止输出。

1. 字符串输出函数

格式：

```
Puts(字符数组名或字符串)
```

功能：将一个字符串（以‘\0’为结束标志）输出到终端。输出的字符串中可以包含转义字符。例如：

```
char str[]={"China\nBei jing"};
puts(str);
```

输出：China

　　　Bei jing

在输出时系统将字符串结束标志‘\0’转换成‘\n’，即输出完字符串后换行。

printf()与 puts()的不同之处在于，printf()在输出字符串后光标不换行，而 puts()输出字符串后光标回车换行。

2. 字符串输入函数

格式：

```
gets(字符数组名)
```

功能：从终端输入一个字符串（可包含空格）以回车为输入结束标志，将接收到的字符依次赋值给字符数组各个元素，并自动在字符串末尾加结束标记‘\0’。用 puts 和 gets 函数只能输入或输出一个字符串，不能写成：puts(str1, str2)；或 gets(str1, str2)。例如：

```
char str[20];
gets(str);
```

当输入：How are you?<回车>时，将 How are you?存入数组 str 中，并自动添加‘\0’。

scanf()与 gets()的不同之处在于，scanf()在输入字符串时遇空格即结束，也就是说，scanf()只能输入不带空格的字符串。

任务 6.5　字符串处理函数

为了完成对字符串的操作，C 语言的函数库提供了丰富的函数集。这些函数包含在“string.h”文件中，因此，如果使用字符串处理函数，就需要在程序开头添加预编译命令：#include<string.h> 或 #include"string.h"。

1. 字符串连接函数 strcat

格式：

```
strcat(字符数组 1，字符数组 2)
```

功能：把字符数组 2 连到字符数组 1 后面。

返值：返回字符数组 1 的首地址。

说明：① 字符数组 1 必须足够大；

② 连接前，两串均以‘\0’结束；连接后，串 1 的‘\0’取消，新串最后加‘\0’。

例如：

```
char str1[13]= "Hello";
char str2[13]= "World!";
printf("%s", strcat(str1, str2));
```

str1:	H	e	l	l	o		\0	\0	\0	\0	\0	\0	\0
str2:	W	o	r	l	d	!	\0	\0	\0	\0	\0	\0	\0
str1:	H	e	l	l	o		W	o	r	l	d	!	\0

③ 符数组 str1 的最小长度应为：str1 的长度 len1+ str2 的长度 len2+1。

④ 原字符串 1 后面的‘\0’取消，在新字符串 1 的末尾增加一个‘\0’。

【例 6-9】strcat 函数示例。

```
#include <stdio.h>
#include <string.h>
void main( )
{
    char s1[20] = "You are";
    char s2[] = "a student.";
    strcat(s1, s2);                    // 连接数组 s1 和 s2 的值。
    Puts(s1);
}
```

运行结果如图 6-5 所示。

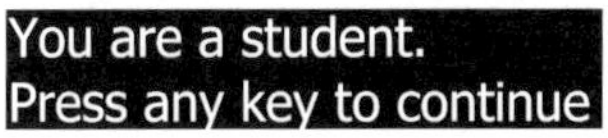

图 6-5　运行结果

2. 字符串拷贝函数 strcpy

格式：

```
Strcpy(字符数组 1，字符串 2)
```

功能：将字符串 2，拷贝到字符数组 1 中去。

返值：返回字符数组 1 的首地址。

说明：字符数组 1 必须足够大，拷贝时‘\0’一同拷贝，不能使用赋值语句为一个字符数组赋值。例如：

```
char str1[6]= “happy”;
char str2[6]= “day“;
printf(“%s”, strcpy(str1, str2));
```

str1:	H	a	p	p	y	\0
str2:	d	a	y	\0	\0	\0
str1:	d	a	y	\0	y	\0

注意：字符数组 1 的长度不应小于字符串 2 的长度。

不能用赋值运算符“=”来实现将一个字符串常量或字符数组直接赋给一个字符数组。例如：

```
（1）char str1[6]，str2[6];
     str1= “Hello”;              /*赋值错误*/
     str2=str1;                  /*赋值错误*/
（2）char str1[6], str2[6];
     strcpy(str1, “Hello”);      /*赋值正确*/
     strcpy(str2, str1);         /*赋值正确*/
```

【例 6-10】strcpy 函数示例。

```
#include <stdio.h>
#include <string.h>
void main( )
{
    char s1[15], s2[]="C Language";
    strcpy(s1, s2);
    puts(s1);
}
```

运行结果如图 6-6 所示。

```
C Language
Press any key to continue
```

图 6-6　运行结果

3. 字符串比较函数 strcmp

格式：

```
strcmp(字符串 1，字符串 2)
```

功能：比较两个字符串。

比较规则：对两串从左向右逐个字符比较（ASCII 码），直到遇到不同字符或‘\0’为止。

返值：返回 int 型整数，若字符串 1< 字符串 2，返回负整数；若字符串 1> 字符串 2，返回正整数；若字符串 1==字符串 2，返回零。

说明：字符串比较不能用“==”，必须用 strcmp。例如：

```
char str1[6]= “happy”;
char str2[4]= “day”;
printf(“%d”, strcmp(str1, str2));     /* 输出值为 1*/
```

不能直接用关系运算符“>、>=、<、<=”来实现将两个字符串的大小的比较。例如：

```
（1）char str1[6]，str2[6];
     if(str1<str2)                       /*赋值错误*/
（2）char str1[6], str2[6];
     if（strcmp(str1, str2)>0）          /*赋值正确*/
```

【例 6-11】strcmp 函数示例。

```
#include <stdio.h>
#include<string.h>
void main( )
{ int k;
  static char str1[15]，str2[]="C Language";
  printf("input a string:\n");
  gets(str1);
  k=strcmp(str1, str2);
  if(k==0) printf("str1=str2\n");
  if(k>0) printf("str1>str2\n");
  if(k<0) printf("str1<str2\n");
}
```

运行结果如图 6-7 所示。

```
input a string:
language
str1>str2
Press any key to continue
```

图 6-7　运行结果

4. 字符串长度函数 strlen

格式：

```
strlen(字符数组)
```

功能：计算字符串的长度。

返值：返回字符串实际长度，不包括‘\0’在内。例如：

```
char str[10]= “happy”;
printf(“%d”, strlen(str));    /* 输出值为 5*/
```

可以直接测试字符串常量的长度：strlen（“happy”）;。

【例 6-12】strlen 函数示例。

```
#include <stdio.h>
#include<string.h>
void main( )
{     int n ;
      char str[10]={"china"} ;
      n=strlen(str) ;
      printf("The lenth of the string is %d\n", n);
}
```

运行结果如图 6-8 所示。

```
The lenth of the string is 5
Press any key to continue
```

图 6-8　运行结果

5. 大小写转换函数——strlwr 函数和 strupr 函数

（1）strlwr 函数的一般格式为：

```
strlwr(字符数组名)
```

功能：将字符串中的字符转换成小写。

（2）strupr 函数的一般格式为：

```
strupr(字符数组名)
```

功能：将字符串中的字符转换成大写。

【例 6-13】编程实现将一字符串中的字符转换成小写输出，再转换成大写输出。

```
#include <stdio.h>
#include <string.h>
void main()
{
char s[]="how ARE You?";          /*初始化字符串 s*/
      strlwr(s);                  /*将 s 中的字符转换成小写*/
      puts(s);                    /*输出 s*/
      strupr(s);                  /*将 s 中的字符转换成大写*/
```

```
    puts(s);                    /*输出 s*/
}
```

运行结果如图 6-9 所示。

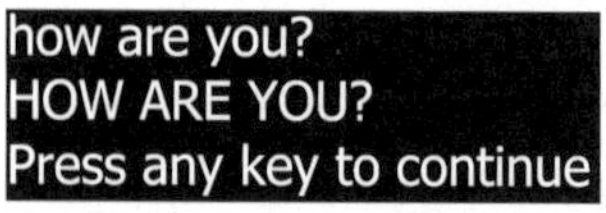

图 6-9　运行结果

注意：用字符串常量初始化时，字符数组的下标可以省略，其数组元素的个数由赋值的字符串长度决定。

项目考核

一、选择题

1. 定义如下变量和数组:int i; int x[3][3]={1, 2, 3, 4, 5, 6, 7, 8, 9}; 则下面语句的输出结果是（　　）。

```
for(i=0;i<3;i++)
printf("%d", x[i][2-1]);
```

A. 1 5 9　　B. 2 3 8　　C.3 5 7　　D. 3 6 9

2. 若有定义和语句: char s[10]="abcd";printf("%s\n", s); 则结果是(以下 u 代表空格)（　　）。

A. 输出 abcd　　B. 输出 a

C. 输出 abcduuuuu　　D. 编译不通过

3. 函数调用: strcat(strcpy(str1, str2), str3) 的功能是（　　）。

A. 将串 str1 复制到串 str2 中后再连接到串 str3 之后

B. 将串 str1 连接到串 str2 之后再复制到串 str3 之后

C. 将串 str2 复制到串 str1 中后再将串 str3 连接到串 str1 之后

D. 将串 str2 连接到串 str1 之后再将串 str1 复制到串 str3 中

4. 给出以下定义: char x[ ]="abcdefg";　char y[ ]={'a', 'b', 'c', 'd', 'e', 'f', 'g'};则正确的叙述为（　　）。

A. 数组 x 和数组 y 等价

B. 数组 x 和数组 y 的长度相同

C. 数组 x 的长度大于数组 y 的长度

D. 数组 x 的长度小于数组 y 的长度

5. 请读程序:

```
#include<stdio.h>
void main()
{ int r, i, x, a[]={2, 3, 4, 5, 6, 7, 8, 9};
for(r=1, i=0; i<=3; i++, r++)
   x=r*a[i];
printf("%d\n", x);
}
```

上面程序输出结果是（　　）。

A. 10　　B. 40　　C. 20　　D. 6

6. 阅读下列程序:

```
#include<stdio.h>
   main( )
   { int n[3], i, j, k;
```

```
        for (i=0;i<3;i++)
            n[i]=0;
        k=2;
        for (i=0; i<k; i++)
                for(j=0; j<k; j++)
                        n[j]=n[i]+1;
        printf("%d\n", n[1]);
    }
```

下述程序运行后输出结果是（　　）。

A. 2　　B. 1　　C. 0　　D. 3

7. 不能把字符串:Hello!赋给数组 b 的语句是（　　）。

A. char b[10]={'H', 'e', 'l', 'l', 'o', '!'};　　B. char b[10];b="Hello!";

C. char b[10];strcpy(b, "Hello!");　　D. char b[10]="Hello!";

8. 若有以下说明:int a[11]={1, 2, 3, 4, 5, 6, 7, 8, 9, 10, 11}; 则数值为 4 的表达式是（　　）。

A. a[0]　　B. a[3]　　C. a[4]　　D. a[5]

9. 以下程序的输出结果是（　　）。

```
main()
{ int i, a[10];
for(i=9;i>=0;i--) a[i]=10-i;
printf("%d%d%d", a[2], a[5], a[8]）;
}
```

A. 258　　B. 741　　C. 852　　D. 369

10. 以下数组定义中不正确的是（　　）。

A. int a[2][3];

B. int b[][3]={0, 1, 2, 3};

C. int c[100][100]={0};

D. int d[3][]={{1, 2}, {1, 2, 3}, {1, 2, 3, 4}};

二、改错题

1. 编程把 100 到 200 之间的不能被 3 整除的数输出。

```
main()
{int i;
  for (i=100;i<=200;i++)
          {  if   (i%3=0)
                    continue;
                printf("%d, ", i);
          }
}
```

2. 编写程序实现字符串的复制。

```
#include "stdio.h"
main()
{
   char str1[100], str2[100];
   int i=0;
   gets(str1);
   while(str1[i]!= '\0')
          { i++;
   str2[i]=str1[i];           }
    puts(str2);
}
```

三、填空题

1. 下面程序的功能是统计年龄在 16 到 31 岁之间的学生人数。请填空。

```
Main()
{int a[30], n, age, I;
for(i=0;i<30;i++) a[i]=0;
Printf("Enter the number of the students(<30)\n");
Scanf("%d", &n);
Printf("Enter the age of each student:\n");
For(i=0;i<n;i++)
{scanf("%d", &age); ________________;}
Printf("the result is\n");
Printf("age    number\n");
          For（_______________i++）
Printf（"%3d   %6d\n"，I，a[i-16]）;
}
```

2. 下面程序的功能是检查一个二维数组是否对称（即对所有 i 和 j 都有 a[i][j]=a[j][i]）。请填空。

```
Main()
{int a[4][4]={1, 2, 3, 4, 2, 2, 5, 6, 3, 5, 3, 7, 4, 6, 7, 4};
Int i, j, found=0;
For(j=0;j<4;j++)
For( ________;i<4;i++)
If(a[j][i]!=a[i][j])
{ ________;break;}
If(found)printf("No");
Else printf("Yes");
}
```

项目实训

1. 编写程序实现输入一串字符串，计算字符串中数字、小写字母、大写字母的个数。例如，输入 LoVe23mdG，输出数字个数为 2，小写字母个数为 4，大写字母个数为 3。

思路：首先定义一个字符数组和三个整型变量分别用于存放三种元素个数。然后用循环结构依次判定每个数组元素属于哪个范围（数字、小写字母或大写字母），相应的计数变量加 1，以'\0'判断是否到字符串的最后一个字符。

2. 编程实现：有一个 3×4 的矩阵，要求编程序求出其中值最大的那个元素的值，以及其所在的行号和列号。

思路：采用“打擂台算法”。

（1）先定义一个 3×4 数组 a，把 a[0][0]的值赋给变量 max。

（2）max 用来存放当前已知的最大值。

（3）a[0][1]与 max 比较，如果 a[0][1]>max，则表示 a[0][1]是已经比过的数据中值最大的，把它的值赋给 max，取代了 max 的原值。

（4）以后依此处理，最后 max 就是最大的值。

3. 编制程序，从给定的 5 个字符串"Book"，"Basic"，"Boolen"， "Babble"，"Bascket" 中找出最小的字符串。

思路：可将 5 个字符串存放在一个二维字符型数组 str 中，并设置一个一维字符型数组 st 用来存放最小的字符串。先将 str 中第一个字符串拷贝到 st 中，并以 st 为基准，逐个与 str 中余下的 4 个字符串比较，每次比较，总是将较小的字符串拷贝到 st 中。比较结束时，st 中存放的就是最小的字符串。

项目 7　函　数

项目导读

到目前为止，我们编写的程序都只是由一个 main 函数构成，但是，如果程序的规模比较大，那么将所有的程序代码都写在一个 main 函数中，就会使 main 函数变得十分庞杂，因而不易于阅读和维护。这时可利用函数将程序划分成多个小的模块，从而方便理解和修改程序。此外，利用函数还可以避免重复编写要多次使用的代码。

本项目首先介绍了函数定义和调用的基本方法，并详细介绍了函数的嵌套调用和递归调用的方法；然后介绍了函数调用过程中数组作为函数参数的情况、局部变量和全局变量的概念和特点、变量的存储类别，以及内部函数和外部函数的概念和特点等。最后通过两个实例，让读者进一步掌握函数在程序设计中的应用。

学习目标

- 了解函数的概念；
- 掌握函数的定义及调用方式；
- 熟悉函数的返回值和函数参数传递的过程；
- 掌握局部变量和全局变量的区别和典型用法；
- 了解变量的存储类别；
- 了解内部函数和外部函数的概念和特点；
- 掌握利用函数编写程序的方法。

任务 7.1　函数的概述

如果 C 程序的功能比较多，规模比较大，把所有代码都写在 main 函数中，就会使主函数变得庞杂、头绪不清，阅读和维护变得困难。有时程序中要多次实现某一功能，就需要多次重复编写实现此功能的程序代码，这使程序冗长，不精炼。解决的方法：C 程序是有称之为“函数’的配件组成，可采用“组装”的办法来简化程序设计。根据需要选取配件组装成成品——这就是“模块化”程序设计思路。

任务 7.1.1　函数的概念

函数是按规定格式编写的能够完成特定功能的一段程序，是 C 程序的基本单位。一个 C 程序包含且仅包含一个 main 函数，除了 main 函数还可以包含若干个其他函数。程序总是从 main 函数开始执行，并结束于 main 函数。当程序中有多个函数时，就形成了调用与别调用的关系，通过函数之间的调用来协同完成整个程序的功能，如图 7-1 所示。

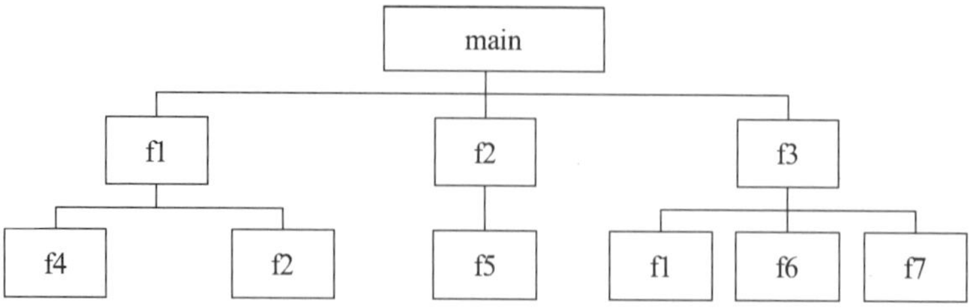

图 7-1　C 函数的调用关系

【例 7-1】编程实现：打印输出如图 7-2 所示的超市购物小票的票头。

图 7-2　票头

主函数部分：

```
#include <stdio.h>
void print_welcome();                    //声明 print_ welcome 函数
void print_star(int n);                  //声明 print_star 函数
void main()
{
        print_welcome();                 //调用自定义函数
        print_star(30);
}
```

自定义函数部分：

```
void print_welcome()                     //定义 print_welcome 函数
{
         printf("\n        某某超市欢迎您        \n");
}
//定义 print_star 函数，n 为'*'号的数量
void print_star(int n)
{       int i;
        For( i=0;i<n;i++)
              putchar('*');
}
```

通过例 7-1 可得：

（1）一个程序由一个或多个程序模块组成。这样便于分工合作，提高效率。

（2）一个源程序文件由一个或多个函数组成。C 程序的执行从主函数 main 开始。

（3）被调用的函数分为两类：库函数和用户自定义函数。

（4）从函数的外观形式看，函数分为有参函数和无参函数两类。

（5）所有函数从定义的角度是互相平等的，一个函数并不从属于另一个函数，即函数不能嵌套定义。但是，函数之间可以互相调用，main 函数可以调用任何函数，而其他函数不能调用 main 函数。main 函数是由系统调用的。

任务 7.1.2　函数的分类

（1）从用户使用的角度，函数可分为两种：

① 标准函数：也称库函数。它是由系统提供的，用户不必自己定义就可以直接使用它们。任何符合 ANSI C 标准的编译器，都必须提供一些标准函数供用户使用。标准函数由系统预定义在相应的文件中，使用时在程序开头把该函数所在的头文件包含进来即可。例如，为了调用 printf 或 scanf 函数，需要在程序开头用#include<stdio.h>将头文件 stdio.h 包含进来；为了调用 sqrt 函数，需要在程序开头用#include<math.h> 将头文件 math.h 包含进来。常用的 ANSI C 标准库函数参见附录 D。

需要说明的是，不同的 C 语言编译系统提供的标准函数的数量和功能都会有一些不同，当然许多基本的标准函数是相同的。

② 用户自定义函数：用户可以按程序的需要自己编写具有特定功能的函数。与变量的使用相同，用户自定义函数的使用遵循“先定义，后调用”的原则。例如，例 7-2 中的 printstar、printinfo 和例 7-3 中的 sum 都是用户自定义函数。

（2）从函数的形式看，函数分两类。

① 无参函数。无参函数一般用来执行指定的一组操作。无参函数可以带回或不带回函数值，但一般以不带回函数值的居多。

② 有参函数。在调用函数时，主调函数在调用被调用函数时，通过参数向被调用函数传递数据，一般情况下，执行被调用函数时会得到一个函数值，供主调函数使用。

课堂练习

编程实现：输出如图 7-3 所示的结果，用函数调用实现。

```
******************
How do you do!
******************
```

图 7-3　输出结果

解题思路：在输出的文字上下分别有一行“*”号，显然不必重复写这段代码，用一个函数 print_star 来实现输出一行“*”号的功能。再写一个 print_message 函数来输出中间一行文字信息，用主函数分别调用这两个函数。

任务 7.2　函数的基本使用

任务 7.2.1　函数的定义

与变量“先定义，后使用”的使用规则相同，函数的使用也必须遵循“先定义，后调用”的原则。函数的定义是指对函数功能的确定，包括指定函数名、函数值的类型、形参及其类型、函数体等。

函数由函数头和函数体两部分组成。函数头又由返回值类型、函数名和形式参数表组成。返回值类型可以是某个数据类型；函数名是用户为函数起的名字，用来唯一标识一个函数；形式参数表可以有零个或多个变量，在进行函数调用时，实际参数将被复制到这些变量中。函数体则是函数实现自身功能的一组语句。

函数返回值类型：表示该函数返回值的类型，可以是 int、float、char 或其他标准的预定义类型，也可以是用户自定义的类型，甚至是无值型 void（即函数不返回任何值），若省略，系统将自动赋予函数的类型为 int 型。

函数名：函数标志符，命名规则与变量相同。

函数参数：代表函数的自变量，形式参数和实际参数之间必须用逗号隔开。参数表或形式参数说明表外加了一对方括号，表示函数的参数可有可无，是任选的。

函数功能/函数体：函数体必须起始于左括号，结束于右括号。其中给出的是实现函数功能的语句列表。

1. 定义无参函数

一般形式：

```
类型名 函数名()  ———→ 函数首部
{
   声明部分 }
   语句部分 } 函数体
}
```

```
类型名 函数名(void)  ———→ 函数首部
{
   声明部分 }
   语句部分 } 函数体
}
```

函数名后面括号内的 void 表示“空”，即函数没有参数。无参函数的“类型说明符”指定函数返回值的类型，可以是任何有效类型。省略“类型说明符”时，系统默认的函数返回值类型为 int 型。当函数只完成特定操作而不需返回函数值时，可用类型名 void。

2. 定义有参函数

一般形式：

```
函数返回值 函数名 (形式参数列表)  ———→ 函数首部
{
   函数体;
}
```

有参函数在函数名后的括号内必须有形式参数（简称“形参”）表，用于调用函数和被调函数之间的数据传递，故必须对其进行类型说明，这由形式参数声明部分完成。一般情况下，函数中需要多少个原始数据，函数的形参表中就应有多少个形参，每个形参存放一个数据，形参之间用逗号隔开。

3. 定义空函数

一般形式：

```
函数返回值类型　函数名()
        {        }
```

作用：先用空函数占一个位置，以后逐步扩充。

好处：程序结构清楚，可读性好，以后扩充新功能方便，对程序结构影响不大。

4. 函数定义示例

任何自定义函数都是由函数首部、函数体两部分组成。函数首部包括函数返回值类型、函数名、形式参数；函数体实现函数功能。

【例 7-2】自定义函数 sum，计算 1+2+3+…+n 的和。

```
int sum ( int n )          //函数返回值为 int，  函数名为 sum，形参为 1 个 int 型 n
{
        int i， s;         //函数类型 int 应与 return s;中变量 s 类型一致
        for ( i=0;i<=n;i++ )
        s+=i;
        return s;
}
```

【例 7-3】自定义函数 string_len，计算一个字符串的长度。

函数返回值类型

```
int string_len(char str[ ])
/*函数返回值为 int, 函数名为 string_len, 形参是 1 个一维字符数组。*/
{
int i=0;
while(str[i]!='\0')
     i++;
return i;                  //函数类型 int 应与 return i;中变量 i 类型一致
}
```

注意：当一维数组作为函数形参时，允许不给出数组的长度。

5. 函数定义说明

（1）函数的第一行称为函数首部，包括函数返回值类型、函数名和形参列表等信息。

（2）大括号“{ }”中的语句称为函数体，实现函数功能。

【例 7-4】自定义函数 com，求两个数的较大数。

```
                函数名                    形参列表
Int        com        (  int  x,   int  y  )      //函数首部
{
   If (x>y)
      return x;
   else                      } 函数体
      return y;
}
```

（3）函数无返回值，则为 void 类型。函数有返回值，则函数体中应有一条 return 语句。

【例 7-5】函数无返回值的应用。

① 函数无返回值，则为 void 类型：

```
void print_welcome()
{
  printf("\n  欢迎进入...  \n");
}
```

② 函数有返回值：

```
float sum(float x, float y)
{
    float s;
    s=x+y;
    return s;
}
```

课堂练习

自定义函数 even，其功能为判断一个整数是否为偶数，如果是偶数，则返回值为 1，否则返回值为 0。

（1）函数返回值为 int。

（2）函数名为 even。

（3）形参的类型为 1 个 int 型。

任务 7.2.2　函数声明

1. 函数声明的作用

（1）将函数信息（函数类型、函数名、函数参数的个数与类型）通知编译系统。

（2）编译系统对程序进行编译时，检查被调用函数是否正确存在。

2. 库函数声明

在源程序的开始位置将库函数对应的头文件进行包含即可。

【例 7-6】库函数声明应用。

```
#include "stdio.h"
void main()
{
        int x;
        scanf("%d", &x);
        ......
}
```

头文件

标准库函数

3. 自定义函数声明

只需将函数首部取出来，再加一个“;”即可。

【例 7-7】自定义函数声明应用。

```
#include "stdio.h"
int sum( int n );
void main()
{
        ......            }
int sum( int n )
{
        ……
}
```

自定义函数声明

自定义函数

4. 声明位置

（1）函数声明写在主调函数的外部，如例 7-8 所示，其中“int sum(int n);”所在的位置。

【例 7-8】函数声明写在主调函数的外部的应用示例。

```
#include "stdio.h"
int sum(int n);    等价于    int sum(int);
void main()
{
        int x=100， s;
        s=sum(x);
        ......         }
int sum(int n)
{
        ……              }
```

例 7-8 中函数声明语句“int sum(int n);”中形参变量名可省略，而只写形参类型。main()函数是主调函数，函数声明为全局声明，可被声明语句之后的所有函数调用。

（2）函数声明写在主调函数的说明语句中。

【例 7-9】函数声明写在主调函数的说明语句中的应用示例。

```
#include "stdio.h"
void main()
{
        int sum (  int  ) ;
        int x=100, s;
        s=sum(x);
        ......
}
int sum(int n)
{
        ……
}
```

例 7-9 中函数声明语句“int sum(int);”为局部声明，只能被 main 调用，其他函数不能调用。

C 语言规定以下几种情况，可以不在主调函数中对被调函数进行声明：

① 如果被调函数写在主调函数的前面，可以不必进行声明。

② 如果函数的返回值为整型或字符型，可以不必进行声明。

③ 如果在所有函数定义之前，在源程序文件的开头，即在函数的外部已经对函数进行了声明，则在各个调用函数中不必再对所调用的函数进行声明。

【例 7-10】通过自定义函数，求任意两个整数的和。

```
#include <stdio.h>
int main()
{
    int a, b;
    printf("input two integers:");
    scanf("%d, %d", &a, &b);
    printf("The sum of %d and %d is %d\n", a, b, sum(a, b)); /*调用函数*/
    return 0;
}
int sum(int a, int b)                    /*函数定义*/
{
        return(a+b);                     /*返回 a+b 的值*/
}
```

5. 函数调用的形式

函数声明和函数定义的最终目的是使用这些函数。使用函数的过程就称为函数的调用。变量必须先定义，后使用。函数也必须先定义，后调用。

（1）函数调用的一般形式：

```
函数名(实参 1, 实参 2, …);
```

函数定义时，圆括号内的参数称为形参。函数调用时，圆括号内的参数称为实参。实参与形参的个数应相等，类型应一致，顺序应对应。如果调用无参函数，则“实际参数表列”可以没有，但括号不能省略。

（2）函数调用形式的分类：

按函数调用在程序中出现的形式和位置来分，可以有以下 3 种函数调用方式：

① 函数调用语句。

把函数调用单独作为一个语句，例如：

```
printf_star();
```

这时不要求函数带回值，只要求函数完成一定的操作。

② 函数表达式。

函数调用出现在另一个表达式中，例如：

```
c=max(a, b);
```

这时要求函数带回一个确定的值以参加表达式的运算。

③ 函数参数。

函数调用作为另一函数调用时的实参，例如：

```
m = max(a, max(b, c));
```

其中 max(b, c)是一次函数调用，它的值作为 max 另一次调用的实参。

【例 7-11】函数调用应用示例。

```
#include "stdio.h"
void print_welcome()
{       …….       }
int sum(int x, int y)
{       ……          }
void main()
{       int sum(int, int);
        int a=100, b=210, s;
        print_welcome();  ——> 函数无返回值，函数调用单独作为一个语句
        s=sum(a, b);  ——> 函数有返回值，函数调用通常出现在表达式中
        ......
}
```

调用无参函数，实参为空。调用有参函数，在( )内写出实参，各实参之间用逗号隔开，实参与形参一一对应。

【例 7-12】编写一个函数，选出能被 3 整除且至少一位是 5 的两位数，用主函数调用这个函数，并输出所有这样的两位。

```
#include <stdio.h>
int main()
{    int func(int i);                    int func(int a)
     int r, i;                           {
     for(i=10;i<100;i++)                     if(a%3==0&&(a%10==5||a/10==5))
     {   r=func(i);                              return(a);
         if ( r!=0 )                         else
           printf ( "%3d", r ) ;  }              return(0);
printf ( "\n" ) ;  return 0;   }         }
```

6. 函数调用值的传递

（1）形式参数和实际参数：

在调用有参函数时，主调函数和被调用函数之间有数据传递关系。自定义函数时函数名后面的变量名称为“形式参数”（简称“形参”）。主调函数中调用一个函数时，函数名后面参数称为“实际参数”（简称“实参”）。实际参数可以是常量、变量或表达式。

（2）实参和形参间的数据传递：

在调用函数过程中，系统会把实参的值传递给被调用函数的形参，或者说，形参从实参得到一个值，该值在函数调用期间有效，可以参加被调函数中的运算。

【例 7-13】输入两个整数，要求输出其中值较大者。要求用函数来找到大数。

解题思路：

（1）函数名应是见名知意，今定名为 max。

（2）由于给定的两个数是整数，返回主调函数的值（即较大数）应该是整型。

（3）max 函数应当有两个参数，以便从主函数接收两个整数，因此参数的类型应当是整型。

先编写 max 函数：　　　　　在 max 函数上面，再编写主函数：

```
int max ( int x, int y )     #include <stdio.h>
{                            int main ( )
    int z;                   { int max ( int x, int y ) ;   int a, b, c;
    z=x>y?x:y;                   printf("two integer numbers:");
    return ( z ) ;               scanf("%d, %d", &a, &b);
}                                c=max(a, b); /*实参可以是常量、变量或表达式*/
                                 printf("max is %d\n", c);
                             }
```

本例中函数值的传递过程为：首先通过 main 函数输入实参 a、b 的值 2、3，然后将 a、b 的值 2、3 传递给自定义函数中的形参 x、y 进行比较，找出其中的最大值再送回给 main 函数中的 c，最后打印 c 的值即可得到 a、b 中的最大值。

在定义函数中指定的形参，在未出现函数调用时，它们并不占内存中的存储单元。

在发生函数调用时，函数 max 的形参被临时分配内存单元。调用结束，形参单元被释放。实参单元仍保留并维持原值，没有改变。如果在执行一个被调用函数时，形参的值发生改变，不会改变主调函数的实参的值。

7. 函数的返回值

通常，希望通过函数调用使主调函数能得到一个确定的值，这就是函数值（函数的返回值）。

（1）函数的返回值是通过函数中的 return 语句获得的。一个函数中可以有一个以上的 return 语句，执行到哪一个 return 语句，哪一个就起作用。return 语句后面的括号可以不要。

（2）函数值的类型。应当在定义函数时指定函数值的类型。

（3）在定义函数时指定的函数类型一般应该和 return 语句中的表达式类型一致。如果函数值的类型和 return 语句中表达式的值不一致，则以函数类型为准。

【例 7-14】将前面我们学习过的例 7-13：输入两个整数，要求输出其中值较大者的程序稍作改动，将在 max 函数中定义的变量 z 改为 float 型。函数返回值的类型与指定的函数类型不同，分析其处理方法。

解题思路：如果函数返回值的类型与指定的函数类型不同，按照赋值规则处理。

```
#include <stdio.h>
int main()
 { int max(float x， float y);
     float a， b;   int c;
     scanf("%f, %f, ", &a, &b);
     c=max(a, b);
     printf("max is %d\n", c);
     return 0;
 }
int max(float x, float y)
 {   float z;
      z=x>y?x:y;
      return(z) ;
 }
```

运行结果如图 7-4 所示。

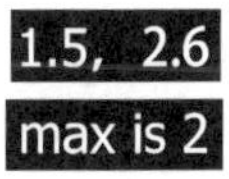

图 7-4　运行结果

8. 函数原型

在一个函数中调用另一个函数需要具备如下条件：

（1）被调用函数必须是已经定义的函数（是库函数或用户自己定义的函数）。

（2）如果使用库函数，应该在本文件开头加相应的#include 指令。

（3）如果使用自己定义的函数，而该函数的位置在调用它的函数后面，应该声明。

【例 7-15】输入两个实数，用一个函数求出它们之和。

解题思路：用 add 函数实现。首先要定义 add 函数，它为 float 型，它应有两个参数，也应为 float 型。特别要注意的是：要对 add 函数进行声明。分别编写 add 函数和 main 函数，它们组成一个源程序文件 main 函数的位置在 add 函数之前。在 main 函数中对 add 函数进行声明。

```
#include <stdio.h>
int main()
{ float add(float x, float y);
    float a，b，c;
    printf("Please enter a and b:");
    scanf("%f, %f", &a, &b);
    c=add(a, b);
    printf("sum is %f\n", c);
    return 0;
}
float add(float x, float y)
{ float z;
    z=x+y;
    return(z);
}
```

函数原型的一般形式有两种，例如：

```
float add(float x, float y);
float add(float, float);
```

原型说明可以放在文件的开头，这时所有函数都可以使用此函数。

9. 函数的嵌套调用

C 语言的函数定义是互相平行、独立的，即函数不能嵌套定义，但可以嵌套调用函数。一个函数在被调用的过程中可以调用其他函数，这就是函数的嵌套调用。

图 7-5 给出了函数的两层嵌套调用示意图，sum 函数在被 main 函数调用的过程中又调用了 fac 函数，其执行顺序如图中的①～⑨。

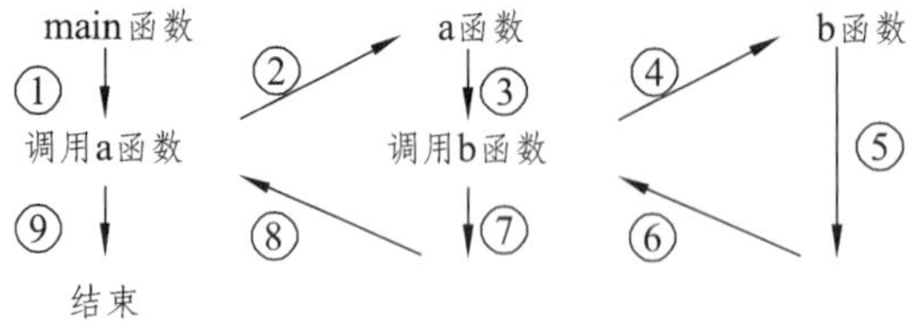

图 7-5　函数的两层嵌套调用

【例 7-16】输入 4 个整数，找出其中最大的数。用函数的嵌套调用来处理。

解题思路：main 中调用 max4 函数，找 4 个数中最大者；max4 中再调用 max2，找两个数中的大者；max4 中多次调用 max2，可找 4 个数中的大者，然后把它作为函数值返回 main 函数；main 函数中输出结果。

主函数:

```
#include <stdio.h>
int main()
{ int max4(int a, int b, int c, int d);            //对 max4 函数声明
    int a, b, c, d, max;
    printf("4 interger numbers:");
    scanf("%d%d%d%d", &a, &b, &c, &d);  //输入 4 个整数
    max=max4(a, b, c, d);                //调用后肯定是 4 个数中的最大者
    printf("max=%d \n", max);            //输出最大者
    return 0;
}
```

max4 函数:

```
int max4(int a, int b, int c, int d)
{   int max2(int a, int b); //对 max2 函数声明
     int m;
     m=max2(a,b);        //a, b 中较大者
     m=max2(m, c);       // a, b, c 中最大者
     m=max2(m, d);       // a, b, c, d 中最大者
     return(m);
}
```

max2 函数:

```
int max2(int a, int b) //a, b 中较大者
{   if(a>=b)
              return a;
        else
              return b;
}
```

课堂练习

编程实现：自定义函数 string_len，其功能为计算一个字符串的长度。

任务 7.3 带参宏定义

在 C 语言中，公式型函数还有另一种简单的实现方式，即使用带参宏定义。例如：

```
#define PI 3.14             //用符号 PI 代表常量 3.14，这是无参数宏定义
#define   L(r)   2*PI*r     //参数 r 为圆的半径，这是带参数宏定义
```

带参宏定义也是公式型函数的另外一种简单的实现方式。

1. 带参宏定义的定义形式

```
#define   宏名(形参列表)   字符串
```

2. 带参宏定义说明

（1）宏名一般用大写字母表示。例如：

```
#define   MAX(x, y)    x>y?x:y       // MAX 为宏名，用大写字母
```

（2）两个以上的形参之间用逗号隔开，形参不分配内存单元。例如：

```
#define   MAX(x, y)     x>y?x:y   // MAX(x, y)中，形参 x、y 之间用逗号隔开
```

（3）字符串中要用到形参列表中的各个形参。例如：

```
#define   MAX(x, y)    x>y?x:y   // 字符串 “x>y?x:y”中用到了形参列表中的 x、y
```

（4）宏定义不是语句，行末不加；号。例如：

```
#define   MAX(x, y)     x>y?x:y   //行末不加；号
```

3. 带参宏定义的调用

```
宏名(实参列表)；
```

说明：

（1）宏调用中的实参是有具体值的常量、变量或表达式，实参的数量要与形参对应。

（2）宏调用时，对实参表达式不作任何计算，而是直接用实参原样代替形参，即“先原样替换，然后再计算”。

【例 7-17】带参宏定义应用示例。

```
#include "stdio.h"
#define T(y) y*y
void main()
{
      int a, b;
      scanf("%d", &a);
      b=T(a+1);
      printf("%d\n", b);
}
```

```
#include "stdio.h"
#define T(y) (y)*(y)
void main()
{
      int a, b;
      scanf("%d", &a);
      b=T(a+1);
      printf("%d\n", b);
}
```

输入与输出如图 7-6 所示。

输入：3

输出:7

图 7-6　输入与输出示例

输入与输出如图 7-7 所示。

输入：3

输出:16

图 7-7　输入与输出示例

【例 7-18】用带参宏定义的方式，输出两个整数中的较大数。

```
#include <stdio.h>
#define MAX(x, y)    x>y?x:y
void main()
{ int a, b, c;
     printf("输入 a、b:");
     scanf("%d%d", &a, &b);
     c=MAX(a, b);
     printf("较大数是: %d\n", c); }
```

输入与输出如图 7-8 所示。

图 7-8　输入与输出示例

课堂练习

编程实现：用带参数的宏定义表示圆的面积。

分析：

（1）利用无参宏定义，定义 PI 为 3.14。

（2）利用带参宏定义，定义 R（r）为 PI*r*r。

（3）输出保留 2 位小数。

任务 7.4　函数递归调用

在调用一个函数的过程中又出现直接或间接地调用该函数本身，称为函数的递归调用。

C 语言的特点之一就在于允许函数的递归调用。函数的递归调用是函数嵌套调用的一种特殊形式。所有能用递归方法解决的问题都可以用非递归方法来实现。采用递归方式的优点：算法简单、容易实现，代码简洁。采用递归方式的缺点：程序的运行效率低。

（1）函数递归调用分为直接调用和间接调用，如图 7-9 所示。

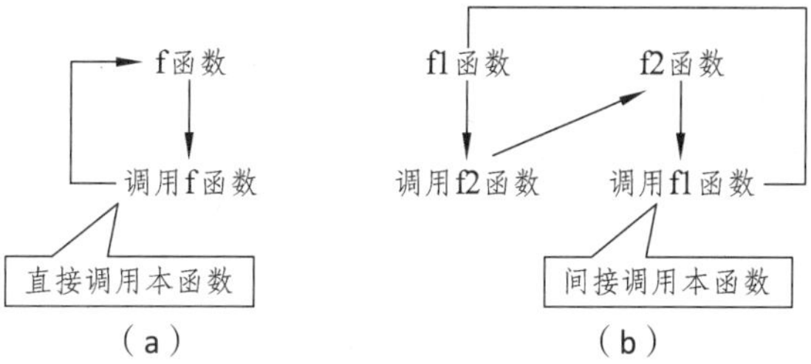

图 7-9　函数递归调用

（2）实现递归分为以下两个阶段：

① 递推阶段。将原问题不断分解为新的子问题，不断推进直到已知条件，即递归结束条件。

② 回归阶段。从已知条件除法，按递推的逆过程逐一求值回归，直到递推的开始处结束回归阶段。

通用的递归函数体的形式表示如下：

```
If(递归终止条件成立)
    return 递归公式的初值;
else
    return 递归函数调用返回的结果值;
```

（3）步骤：

利用递归调用解决问题需要两步：

① 建立递归关系。

② 找出递归调用的终止条件。

【例 7-19】利用递归方法计算：$f(n)=n!$。

分析：（1）递归关系：n!=n*（n-1）!。

（2）递归调用的终止条件：n=1 或 n=0 时，n!=1，即 1!=1, 0!=1。

解题思路：求 n！可以用递推方法：即从 1 开始，乘 2，再乘 3……一直乘到 n 。递推法的特点是从一个已知的事实（如 1!=1）出发，按一定规律推出下一个事实（如 2!=1!*2），再从这个新的已知的事实出发，再向下推出一个新的事实（3!=3*2!）……n!=n*（n-1）!。

```
#include "stdio.h"
int f(int n)
{       if(n==1||n==0)
                return 1;
        else
                return n*fac(n-1);
}
void main()
{
          int n，m;
          printf("请输入一个非负整数：");
          scanf("%d", &n);
          m=f(n);
          printf("%d!=%d\n", n, m);
}
```

以 n=5 为例说明调用过程，如图 7-10 所示。

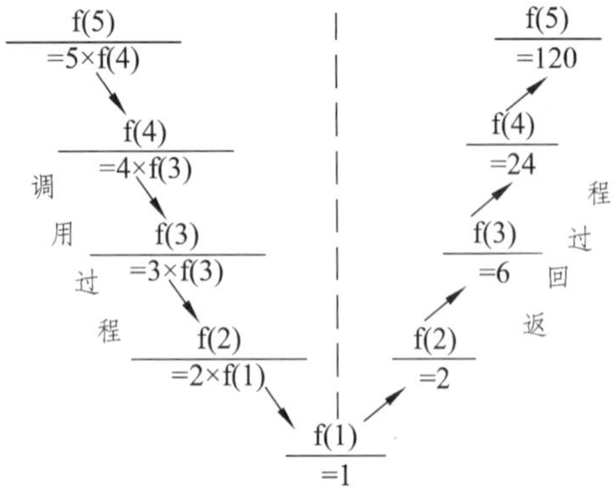

图 7-10　调用过程

输入与输出如图 7-11 所示。

输入：5

输出:120

图 7–11　输入与输出示例

【例 7-20】自定义函数 sum 实现自然数求和。公式如下：

$$\mathrm{sum}(n)=\sum_{i=1}^{n} i$$

其自定义函数为：

```
int sum(int n)
{
      int i, s=0;
      for(i=1; i<=n; i++)
            s+=i;
      return s;
}
```

分析：

（1） 自然数求和是一个等差数列求和。

（2） 数列求和过程：前 n 项和等于前 n-1 项的和加上 n，求和过程可描述为：

$$\mathrm{sum}(n)=\begin{cases}1 & (n=1)\\ \mathrm{sum}(n-1)+n & (n>1)\end{cases} \longrightarrow \text{递归关系}$$

由公式得：

（1）若 n=1，则 sum(1)=1，返回 1；

（2）若 n>1，则 sum(n)=sum(n-1)+n，返回 sum(n-1)+n。

重新描述 sum 函数：

```
int sum(int n)
{
   if(n==1)
      return 1;
   else
      return sum(n-1)+n;   ——这样的函数调用——> 函数递归调用
}
```

完整的程序代码：

```
#include "stdio.h"
int sum(int n)
{ if(n==1)
     return 1;
  else
     return sum(n-1)+n;   }
```

```
void main()
{
    int x;
    scanf("%d", &x);
    printf("%d\n", sum(x));
}
```

以 n=5 为例说明调用过程，如图 7-12 所示。

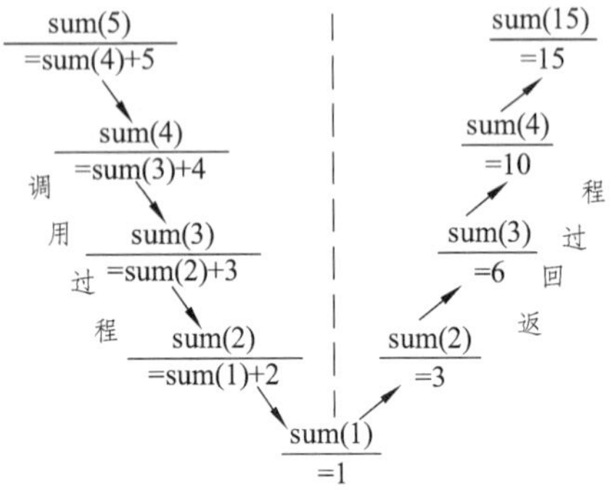

图 7-12　调用过程

输入与输出如图 7-13 所示。

输入：5

输出:15

图 7-13　输入与输出示例

课堂练习

有 5 名学生坐在一起：

（1）问第 5 名学生多少岁？他说比第 4 名学生大 2 岁。

（2）问第 4 名学生岁数，他说比第 3 名学生大 2 岁。

（3）问第 3 名学生，又说比第 2 名学生大 2 岁。

（4）问第 2 名学生，说比第 1 名学生大 2 岁。

（5）最后问第 1 名学生，他说是 10 岁。

请问第 5 名学生多大？

解题思路：	即：
（1）要求第 5 个年龄，就必须先知道第 4 个年龄	age（5）=age（4）+2
（2）要求第 4 个年龄必须先知道第 3 个年龄	age（4）=age（3）+2
（3）第 3 个年龄又取决于第 2 个年龄	age（3）=age（2）+2
（4）第 2 个年龄取决于第 1 个年龄	age（2）=age（1）+2
（5）每个学生年龄都比其前 1 个学生的年龄大 2	age（1）=10

由此可得：

$$\text{age}(n)=10 \qquad (n=1)$$

$$\text{age}(n)=\text{age}(n-1)+2 \qquad (n>1)$$

任务 7.5　作用域及存储类型

函数的作用域是指可使用该函数的程序范围。函数的存储类型有 static 和 extern 两种，在函数定义时进行说明。

1. 有存储类型的函数定义的形式

```
[存储类型]  函数返回值类型  函数名(形式参数列表)
{
    函数体;
}
```

说明：

（1）函数的存储类型默认为 extern，extern 型函数称为“外部函数”。

（2）static 型函数称为“内部函数”，也称为“静态函数”，static 型函数不允许其他编译单位中的函数调用它。

变量的使用范围称为变量的作用域。所有变量都有自己的作用域。变量按作用范围不同可分为局部变量和全局变量两类。局部变量也称为内部变量。局部变量是在函数体内或复合语句内定义的变量，其作用域有限，离开变量定义的范围，这类变量就是非法的。

2. 局部变量

局部变量：定义在函数内部的变量。

（1）如果变量定义在函数体内，那么该变量的作用域是从变量定义处到本函数结束处。

（2）如果变量定义在函数内部的某个复合语句中，那么该变量的作用域是从变量定义处到该复合语句结束处。

系统在局部变量进入作用域时为其分配内存空间，并在离开作用域时自动释放这些内存空间。

【例 7-21】变量的作用范围示例。

```
#include "stdio.h"
void t(int a)                          ┐
{                                      │
    int b=5;                           │ a, b 的有效范围
    printf("***%d\n", a+b);            │
}                                      ┘
void main()
{
    int i=1, j=4, k;
    k=i+j;
    {                                          ┐
        int m=6;               ┐ m 的有效范围  │
        printf("*%d\n", m);    ┘               │
        }                                      │ I, j, k 的有效范围
        printf("**%d\n", k);                   │
        t(k);                                  ┘
}
```

3. 全局变量

全局变量：定义在函数外部的变量，作用域是从变量定义处开始到程序结束处。

全局变量从程序运行起即占据内存空间，在程序整个运行过程中可随时访问，程序退出时释放内存。

【例 7-22】变量的作用范围示例。

```
#include "stdio.h"
int s=0;  ————→ //定义全局变量 s
void sum(int n)
{
        int i;
        for(i=1; i<=n; i++)
        s+=i;  ————→ //输出累加和 s
}
void main()
{
        int x;
        scanf("%d", &x);
        sum(x);
        printf("%d\n", s);  ————→ //计算累加和 s
}
```

4. 变量的存储方式

变量的存储方式有动态存储和静态存储两种。

动态存储变量是在程序执行过程中，使用它时才分配存储单元，使用完毕立即释放。

动态存储变量典型的例子是函数的形式参数，在函数定义时不分配存储单元，在函数被调用时才分配，调用完毕立即释放。若被多次调用，则反复地分配、释放形参变量的存储单元。

动态存储变量包括 auto（自动变量）和 register（寄存器变量）两种。

静态存储变量通常是在程序编译时就分配存储单元并一直保持不变，直至整个程序结束。

全局变量即属于静态存储变量。

静态存储变量包括 extern（全局变量）和 static（静态变量）两种。

变量定义的完整形式：

```
存储类型说明符 数据类型说明符   变量名，变量名，…；
```

定义不同存储类型的变量：

```
auto char c1，c2;          //定义 c1，c2 为自动字符变量，auto 可以省略
register int i;            //定义 i 为整型寄存器变量
extern double max;         //定义 max 为 double 类型全局变量
static int a, b;           //定义 a, b 为静态类型变量
```

项目考核

一、选择题

1. 在c语言中以下不正确的说法是（　　）。

A. 实参可以是常量、变量、或表达式

B. 形参可以是常量、变量或表达式

C. 实参可以为任意类型

D. 形参应与其对应的实参类型一致

2. 以下程序有语法性错误，有关错误原因的正确说法是（　　）。

```
int main()
{   int G=5，k;
   void   prt_char();
   ……
   k=prt_char(G);
   ……
}
```

A. 语句 void prt_char()；有错，它是函数调用语句，不能用 void 说明

B. 变量名不能使用大写字母

C. 函数说明和函数调用语句之间有矛盾

D. 函数名不能使用下划线

3. 以下正确的说法是（　　）。

A. 函数的定义可以嵌套，但函数的调用不可以嵌套

B. 函数的定义不可以嵌套，但函数的调用可嵌套

C. 函数的定义和调用均不可以嵌套

D. 函数的定义和调用均可以嵌套

4. 若已定义的函数有返回值，则以下关于该函数调用的叙述中错误的是（　　）。

A. 函数调用可以作为独立的语句存在

B. 函数调用可以作为一个函数的实参

C. 函数调用可以出现在表达式中

D. 函数调用可以作为一个函数的形参

5. 以下所列的各函数首部中，正确的是（　　）。

A. void play(var: Integer, var b: Integer)

B. void play(int a, b)

C. void play(int a, int b)

D. Sub play(a as integer, b as integer)

6. 在调用函数时，如果实参是简单变量，它与对应形参之间的数据传递方式是(　　)。

A. 地址传递　　B. 单向值传递

C. 由实参传给形参，再由形参传回实参　　D. 传递方式由用户指定

7. 有以下程序：

```
void fun (int a, int b, int c)
{ a=456; b=567; c=678;}
int main()
{    int x=10, y=20, z=30;
fun (x, y, z);
printf("%d, /%d, %d\n", x, y, z);
return 0;
}
```

输出结果是(　　)。

A. 30，20，10　　B. 10，20，30

C. 456，567，678　　D. 678，567，456

8. 下述函数定义形式正确的是(　　)。

A. int f(int x; int y)　　B. int f(int x, y)

C. int f(int x, int y)　　D. int f(x, y: int)

9. 关于函数参数，说法正确的是(　　)。

A. 实参与其对应的形参各自占用独立的内存单元

B. 实参与其对应的形参共同占用一个内存单元

C. 只有当实参和形参同名时才占用同一个内存单元

D. 形参是虚拟的，不占用内存单元

10. 一个函数的返回值由(　　)确定。

A. return 语句中的表达式　　B. 调用函数的类型

C. 系统默认的类型　　D. 被调用函数的类型

二、判断题

(　　) 1. return 语句作为函数的出口，在一个函数体内只能有一个。

(　　) 2. 在 C 程序中，函数不能嵌套定义，但可以嵌套调用。

(　　) 3. C 语言的源程序中必须包含库函数。

(　　) 4. 在 C 程序中，函数调用不能出现在表达式语句中。

(　　) 5. 在 C 函数中，形参可以是变量、常量或表达式。

(　　) 6. 在 C 语言中，一个函数一般由两个部分组成，它们是函数首部和函数体。

(　　) 7. 若定义的函数没有参数，则函数名后的圆括号可以省略。

(　　) 8. 函数的函数体可以是空语句。

(　　) 9. 函数的实参和形参可以是相同的名字。

(　　) 10. C 语言中函数返回值的类型由 return 语句中的表达式的类型决定。

三、填空题

1. 以下程序的运行结果是______。

```
main()
{int i=2, x=5, j=7;
 fun(j, 6);
 printf("i=%d;j=%d;x=%d\n", i, j, x);
}
fun(int i, int j)
{int x=7;
 printf("i=%d; j=%d; x=%d\n", i, j, x);
}
```

2. 以下程序的运行结果是______。

```
main()
{increment();
 increment();
 increment();
}
increment()
{int x=0;
 x+=1;
 printf("%d", x);
}
```

四、编程题

1. 编写一个函数 fan(int m)，计算任一输入的整数的各位数字之和。主函数包括输入、输出和调用函数。

2. 已有变量定义语句和函数调用语句 int x=57; isprime(x)；函数 isprime( )用来判断整型数 x 是否为素数，若是素数，函数返回 1，否则返回 0。请编写 isprime 函数。（不可修改主函数）

项目实训

题目：编程设计一个简单的猜数游戏：先由计算机"想"一个数请人猜，如果人猜对了，则计算机给出提示"Right!"，否则提示"Wrong!"，并告诉人所猜的数是大还是小。

（1）分析：

本例程序设计中的难点是如何让计算机"想"一个数。"想"反映了一种随机性，可用随机函数 rand()产生计算机"想"这个数。

随机函数 rand()产生一个 0 到 RAND_MAX 之间的整数，RAND_MAX 在头文件 stdlib.h 中定义的符号常量，因此使用该函数时需要包含头文件 stdlib.h。

ANSI 标准规定 RAND_MAX 的值不得大于双字节整数的最大值 32767。

（2）算法设计：

① 通过调用随机函数任意生成一个数 magic。

② 输入人猜的数 guess。

③ 如果 guess 大于 magic，则给出提示"Wrong! Too high!"。

④ 如果 guess 小于 magic，则给出提示"Wrong!Too low!"。

⑤ 如果 guess 等于 magic，则给出提示"Right!"，并打印 guess 值。

项目 8　利用指针访问数据

项目导读

很多人认为，C 语言之所以强大，是因为其灵活的指针运用。可以毫不夸张地说，指针是 C 语言的灵魂，正确、灵活地运用指针，可以使程序更加简洁、紧凑，从而提高程序的编译效率和执行速度。

本项目首先介绍了指针的概念和指针变量的定义和引用，然后介绍了指针在数组和函数中的应用，接着介绍了指针的高级应用，最后通过两个实例，让读者进一步掌握指针在程序设计中的应用。

学习目标

- 理解指针的相关概念；
- 掌握指针变量定义和引用的方法；
- 掌握指针在数组中的应用；
- 掌握指针在函数中的应用；
- 了解指针数组和指向指针的指针变量的应用；
- 掌握指针在程序设计中的应用。

任务 8.1　地址和指针

大家出去旅游、开会，都会住宿酒店。想一想，我们入住酒店的过程是怎样的呢？对，我们需要先在前台办理入住手续，办理成功后，酒店前台会给我们返回一个标有房间号的房卡，然后，我们根据房间号找到房间，刷卡入住。

房间号就是地址，我们入住酒店的时候，需要根据地址找到入住的房间。在 C 语言中如何去找到变量的地址呢？

任务 8.1.1　指针的基础知识

如果在程序中定义了一个变量，在对程序进行编译时，系统就会给该变量分配内存单元。编译系统根据程序中定义的变量类型，分配一定长度的空间。例如，VC++为整型变量分配 4 字节，对单精度浮点型变量分配 4 字节，对字符型变量分配 1 字节。

1. 指针的概念

计算机内存是以字节为单位的一片连续的存储空间，每一个字节都有一个编号，这个编号就是地址。它相当于旅馆中的房间号。在地址所标识的内存单元中存放数据，这相当于旅馆房间中居住的旅客一样。由于通过地址能找到所需的变量单元，我们可以说，地址指向该变量单元。将地址形象化地称为“指针”。所以，指针是指一个变量的地址。指针变量是指专门存放变量地址的变量。

2. 变量存储空间

变量是程序中可以改变的量，当说明变量时，系统将为其在内存中开辟相应的内存单元。由此确定变量的地址及内存中的表示方式。内存是以字节为单位的连续的存储空间。如例 8-1 所示，输入的字符量 b 存储在变量 m 的内存单元中，占 1 字节；输入的整型数据 1 存储在变量 a 的内存单元中，占 4 字节。在内存中存储完 b 后紧接着存储 1，这样连续存储，如图 8-1 所示。

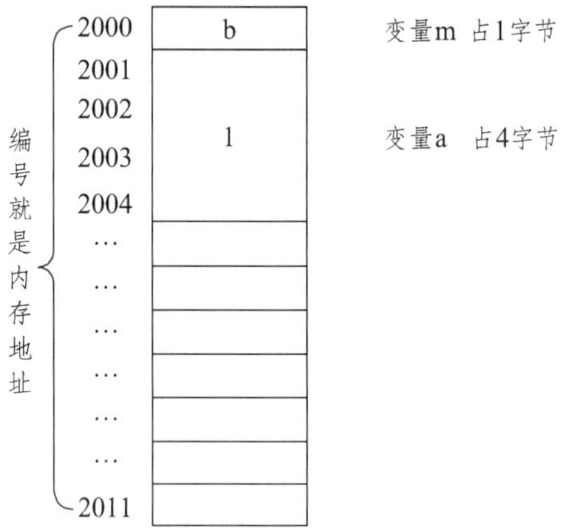

图 8-1　变量存储空间

【例 8-1】变量存储空间的分配。

```
#include “stdio.h”
void main()
{
        char m;
        int a;
        scanf(“%c”, &m); 输入: b
        scanf(“%d”, &a); 输入: 1
        ……
}
```

变量存储空间的第一个字节对应的内存地址可看作是存储地址。根据存储地址就可找到相应的存储单元，所以通常也把地址称为指针。指针变量的值就是某个内存单元的存储地址。

例 8-1 中，若设指针变量 pm、pa 分别存放变量 m、a 的存储地址，即 pm=&m，pm

的存储地址为 2000；pa=&a，pa 的存储地址为 2001。

3. 指针变量的定义

定义形式：

```
类型标识符    *指针变量名;
```

说明：

（1）“指针变量名”前的“*”表示该变量是指针变量，不能省略，如 int * a;。

（2）“类型标识符”表示该指针变量所指向的变量的数据类型。

（3）一个指针变量只能指向同一类型的变量。

（4）指针变量也可以被初始化为 NULL，它的值为 0。当指针值为零时，指针不指向任何有效数据，也称为空指针。

【例 8-2】输出指针变量 p 的地址和所指向的变量 n 的地址。

```
#include<stdio.h>
void main()
{   int n;
    int *p=&n;     //表示指针变量 p 指向变量 n
    printf("输入值为：");
    scanf("%d", p);     //表示通过键盘输入一个数值，存入指针变量所指向的单元中
    printf("n=%d *p=%d\n", n, *p);     //输出变量 n 的值及指针变量所指单元的值
    printf("指针 p 所指向的地址为：%d \n", p);   //输出指针变量所指向单元的地址
    printf(“变量 n 的地址为：%d\n", &n);     //输出变量 n 的地址
}
```

运行结果如图 8-2 所示。

```
输入值为:50
n=50 *p=50
指针p所指向的地址为:1244996
变量n的地址为:1244996
Press any key to continue
```

图 8-2　运行结果

本例中指针变量 p，p 本身就是地址，在“scanf("%d", p);”的参数列表中不在加地址符号&。运行结果可知指针变量 p 的地址和所指向的变量 n 的地址相同。

课堂练习

应用指针变量编写程序（运行结果可参考图 8-3）：输入 a 和 b 两个整数，然后按先大后小的顺序输出。

```
Input:12, 34
Output:34, 12
```

图 8-3　运行结果

任务 8.1.2　指针变量的基本使用

1. 初始化

让指针变量具体指向某个变量数据，需要对其进行初始化。例如：

```
int a=112;
float c=3.14;
int *pt1=&a;
float *pt2=&c;
```

指针变量是存放地址的变量。所以，本例中指针变量 pt1 中存放的是变量 a 的地址，pt2 中存放的是变量 c 的地址，如图 8-4 所示。

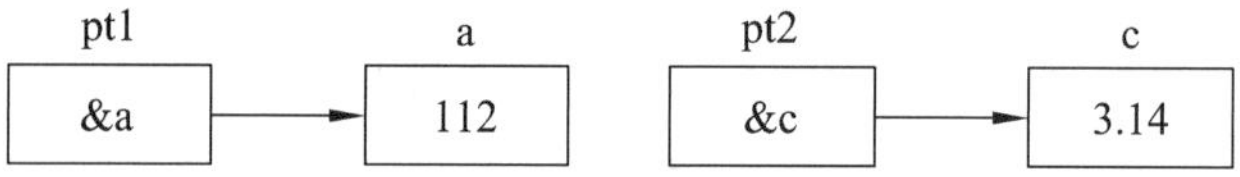

图 8-4　指针变量

2. 引　用

引用格式：

```
*指针变量名
```

“*”为指针运算符，表示指针变量所指向内存单元的内容。例如：

```
定义语句: int n=10;    int *p=&n;
引用指针变量 p 输出 n 的值：printf("%d", *p);等价于 printf("%d", n);
```

引用时的“*”不同于指针变量定义语句中的“*”。例如：

```
int *p;                //"*"是指针标志符
printf("%d", *p);      //"*"是指针运算符
```

3. 说　明

（1）对变量 a 的赋值可以采用两种方法来实现。例如：

```
int a=100;   /*方法一：直接寻址方式*/
*pt1=100;    /*方法二：间接寻址方式*/
```

（2）对指针进行间接访问之前，应确保它们已经被初始化。

（3）取地址运算符&和间接寻址运算符*的优先级是相同的，按照自右向左的方向结合。

4. 应用示例

【例 8-3】通过指针变量访问的方式计算两个整数之和。

```
#include “stdio.h”
void main()
{
    int a, b, s;          //定义整型变量 a、b 代表两个加数，整型变量 s 存求和结果
    int *pa, *pb;         //定义两个整型指针变量 pa、pb
    pa=&a;                //使 pa 指向 a
```

```
        pb=&b;                          //使 pb 指向 b
        scanf("%d%d", pa, pb);          //为 pa, pb 所指向的内存单元输入值(10、20)
        s=*pa+*pb;                      //通过指针变量访问的方式来和(30)
        printf("s=%d\n", s);            //输出求和结果
}
```

运行结果如图 8-5 所示。

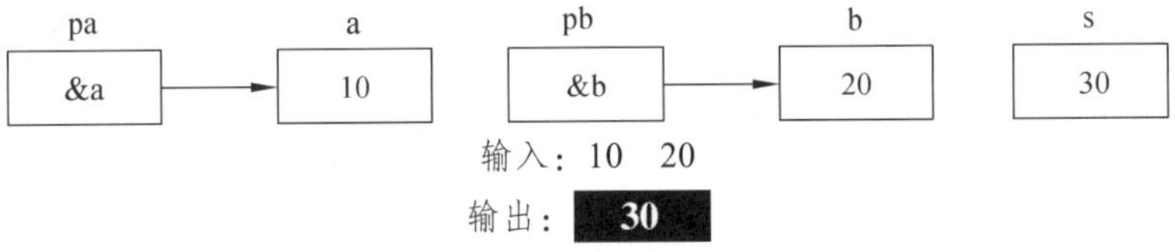

图 8-5 运行结果

【例 8-4】利用自定义函数 add( )计算两个整数之和。

```
#include "stdio.h"
int add(int *pa, int *pb)  //add()是自定义函数，形参 pa、pb 是指针变量
{       int sum;
        sum=*pa+*pb;       //形参 pa→a, 形参 pb→b, 实现两个整数求和
        return sum;        //求和结果通过 return 语句返回主函数
}
void main();
{       int a, b, s;
        scanf("/%d%d", %a, &b);      //输入 a、b 的值(10、20)
        s=add(&a,&b);                //调用 add 函数, 将&a→pa、&b→pb
        printf("s=%d\n", s);         //输出求和结果
}
```

运行结果如图 8-6 所示。

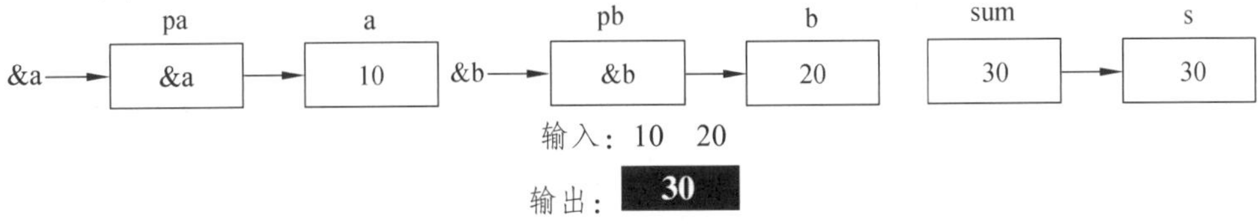

图 8-6 运行结果

课堂练习

利用自定义函数编程实现（运行结果可参考图 8-7）：设计一个函数，用于交换两个变量中的整数。

图 8-7 运行结果

任务 8.2　用指针引用一维数组

经过数组的定义，系统为数组元素在内存中分配了连续的存储单元。我们知道，指针变量就是存放地址的变量，如果把数组的地址赋给指针变量，那么就可以通过指针变量来引用数组，使用这种方法能提高目标程序的质量。

1. 建立数组与指针之间的关系

【例 8-5】建立数组 a 与指针 p 之间的关系。例如：

```
int a[5];
int *p;
p=a;  // 建立数组 a 与指针 p 之间的关系，等价于 p=&a[0];
```

数组 a 定义之后，数组元素 a[0]~a[4]占用连续的内存单元，数组名 a 或& a[0]代表数组存放的首地址；整型指针定义后，通过语句“p=a;”建立指针 p 与数组 a 之间的关系，此时 p 的值与 a 相同，都代表数组的首地址。其关系如图 8-8 所示。

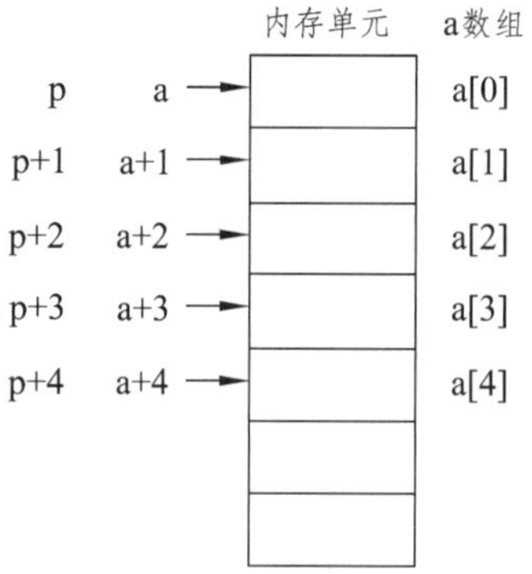

图 8-8　数组与指针之间的关系

2. 引　用

引用一个数组元素有以下两种方法：

（1）下标法，即 a[i]的形式。

（2）指针法，如*(a+i)或*(p+i)。其中，a 是数组名，p 是指向数组元素的指针变量，其初值 p=a。指向数组的指针变量也可以带下标，如 p[i]与*(p+i)等价。

3. 应用示例

【例 8-6】利用两种方法，输出一维数组各元素地址。

```
#include "stdio.h"
void main()
{
        int a[5], *p, i;
        p=a;
        printf("(1)获取数组元素地址：\n");
        for(i=0;i<5;i++)
```

```
            printf("&a[%d]=%p\n", i, &a[i]);
        printf（"(2)利用指针表示数组元素地址：\n"）;
        for（i=0;i<5;i++）
            printf("p+%d=%p\n", i, p+i);
}
```

运行结果如图 8-9 所示。

图 8-9　运行结果

通过程序运行结果可以看出，通过数组元素获取的地址与利用指针表示数组元素地址是相同的。

【例 8-7】输出一维数组各元素的值。

```
#include "stdio.h"
void main()
{   int a[5]={10, 31, 52, 3, 68}, *p, i;
        p=a;
        printf("(1)输出数组元素的值(下标法)：\n");
        for(i=0;i<5;i++)
    printf("a[%d]=%d\n", i, a[i]);
        printf("(2)输出数组元素的值(下标法)：\n");
        for(i=0;i<5;i++)
    printf("p[%d]=%d\n", i, p[i]);
        printf("(3)输出数组元素的值(指针法)：\n");
        for(i=0;i<5;i++)
    printf("*(p+%d)=%d\n", i, *(p+i));
}
```

运行结果如图 8-10 所示。

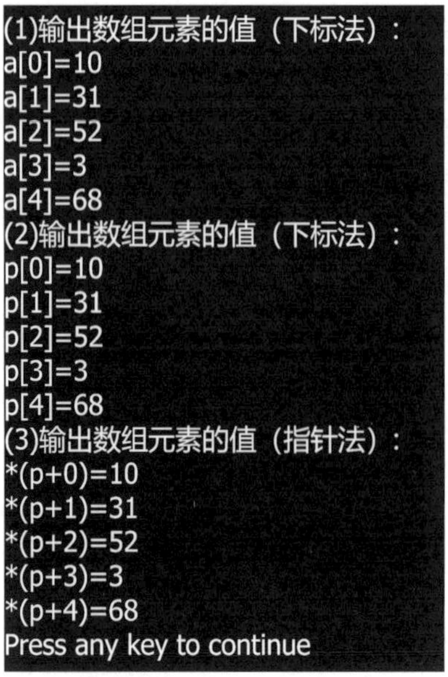

```
(1)输出数组元素的值（下标法）：
a[0]=10
a[1]=31
a[2]=52
a[3]=3
a[4]=68
(2)输出数组元素的值（下标法）：
p[0]=10
p[1]=31
p[2]=52
p[3]=3
p[4]=68
(3)输出数组元素的值（指针法）：
*(p+0)=10
*(p+1)=31
*(p+2)=52
*(p+3)=3
*(p+4)=68
Press any key to continue
```

图 8-10　运行结果

4. 数组名作函数参数

利用函数处理批量数据时，若实参是数组，形参可是数组也可是指针，实参、形参之间传递的是地址。

【例 8-8】用函数计算整型数组各元素之和。

```
#include "stdio.h"
int sum(int p[ ],int n)
{       int i,t=0;
        for(i=0;i<n;i++)
            t+=p[i];
        return t;
}

void main( )
{
        int a[5]={0,1,2,3,4},s;
        s=sum(a,5);
        printf("数组元素之和为:%d.\n", s);
}
```

程序中实参（a，5）与形参（p，n）的对应关系如图 8-11 所示。

参数传递后指针指向数组第一个元素的地址。数组名作为函数参数，因为数组名本身是一个地址值，所以当数组名作为函数实参时，对应的形参就应当是一个指针，并且形参指针变量或数组的类型与实参数组的类型一致。当进行函数调用时，实际上是把数组的首地址传给形参。

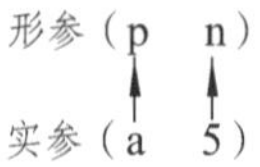

图 8-11　实参与形参的对应关系

5. 说　明

（1）数组名作实参，对应的形参可是数组也可是指针，形参、实参的数据类型应一致。

```
#include "stdio.h"
int sum(int p[], int n)
{         ↑
       形参是数组
}
void main()
{
    int a[5]={0,1,2,3,4},s;
    s=sum(a,5);
          ↑
}       数组名作实参
```

```
#include "stdio. h"
int sum(int *p, int n)
{           ↑
……形参是指针
}
void main()
{
    int a[5]={0,1,2,3,4},s;
    s=sum(a,5);
          ↑
}       数组名作实参
```

（2）进行函数调用时，将数组的首地址传给形参，形参的改变对实参产生影响。

```
#include "stdio.h"
int sum(int *p,int n)
{…
→*(p+2)=10                              相当于：p=a;

           数组元素求和并返回
… ─────────────────────────────→ for(i=0; i<n; i++)
                                      t+=*(p+i);
}
void main()                          return t;
{
→int a[5]={0,1,2,3,4},s;
→s=sum(a,5);
  printf("数组元素之和为：%d.\n",s);
  printf("a[2]=%d\n",a[2]);
}
```

运行结果如图 8-12 所示。

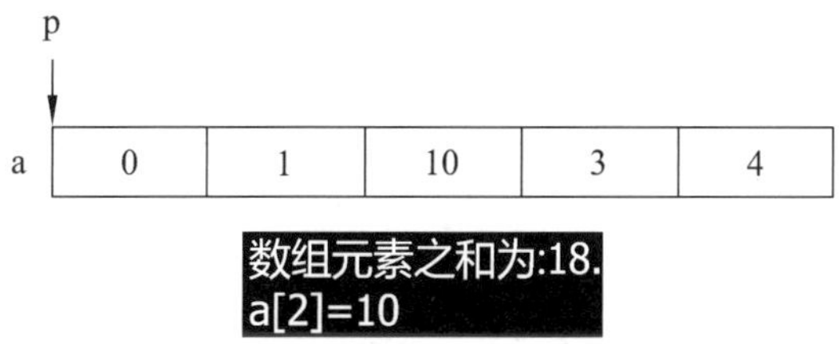

图 8-12　运行结果

实参与形参共同占用一段内存，在函数执行过程中形参元素值发生变化，实参元素值也会随之改变。

任务 8.3　用指针引用二维数组

在前面介绍的是用指针变量对一维数组元素的访问，同样，指针变量也可以指向二维数组或者多维数组中的元素。

1. 二维数组中的地址关系

例如：定义一个 4 行 3 列的二维数组 a。

```
int a[4][3]={{0, 1, 2}, {3, 4, 5}, {6, 7, 8}, {9, 10, 11}};
```

数组 a 可以看成由 4 个元素组成的一维数组，分别是：a[0]、a[1]、a[2]、a[3]，每一个元素又含有 3 个元素的一维数组（例如 a[0]包含有 3 个元素：a[0][0]、a[0][1]、a[0][2]），数据存储情况如图 8-13 所示。

如图 8-14 所示，a 代表二维数组的首地址，也是二维数组第 0 行的首地址。a+1 代表第 1 行的首地址，a+2 代表第 2 行的首地址。若设此二维数组的首地址为 1000。因为 1 个整型变量占 4 字节，第 0 行有 3 个整型元素，所以第 1 行的首地址为 1012，a+2 则为 1024。

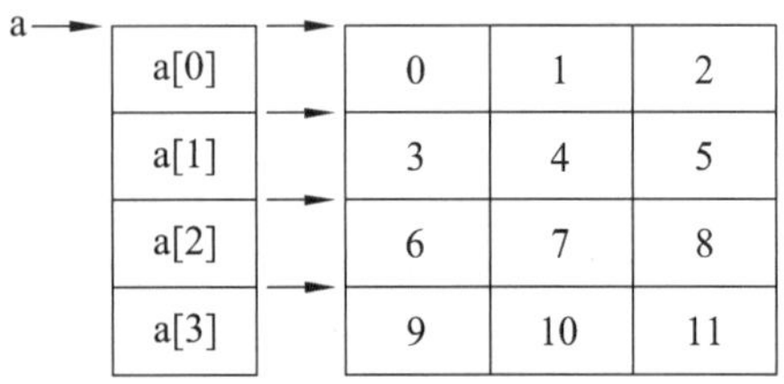

图 8-13　数组 a

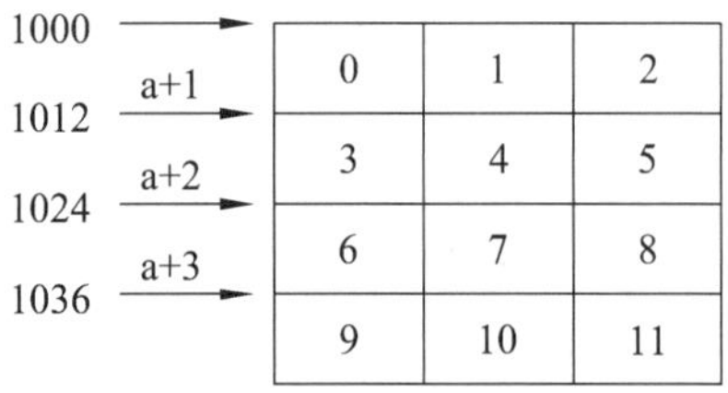

图 8-14　数组的地址

既然把二维数组的各行看成了一维数组，则 a[0]、a[1]、a[2]、a[3]分别代表二维数组各行的首地址。也就是说 a[0]代表第 0 行中第 0 列元素的地址，即&a[0][0]。根据地址运算规则，a[0]+1 即代表第 0 行第 1 列元素的地址，即&a[0][1]。由此可得，a[i]+j 即代表第 i 行第 j 列元素的地址，即&a[i][j]。

另外，可用指针形式表示各元素的地址。由于 a[0]等价于*(a+0)，a[1]等价于*(a+1)。因此 a[i]+j 等价于*(a+i)+j,即代表第 i 行第 j 列元素的地址。由此可知，二维数组元素 a[i][j]可表示成：*(a[i]+j)、*(*(a+i)+j)、(*(a+i))[j]。

二维数组中的有关指针如表 8-1 所示。

表 8-1　二维数组中的指针

表示形式	含　义
&a	二维数组 a 的地址
a	二维数组名，指向一维数组 a[0]，即 0 行首地址
a[0],*(a+0), *a	0 行 0 列元素地址
&a[i], a+i	i 行首地址
a[i], *(a+i)	i 行 0 列元素 a[i][0]的地址
a[i]+j, *(a+i)+j, &a[i][j]	i 行 j 列元素 a[i][j]的地址
*(a[i]+j), *(*(a+i)+j), a[i][j]	i 行 j 列元素 a[i][j]的值
&a[i][j], a[i]+j, *(a+i)+j	二维数组元素 a[i][j]的地址表示方式
a[i][j], *(a[i]+j), *(*(a+i)+j), (*(a+i))[j]	二维数组元素 a[i][j]的表示方式

【例 8-9】分析下面程序的运行结果。

```
#include <stdio.h>
int main()
{      int a[4][3], i;
       printf("数组 a 的首地址：%d\n", a);           /*输出数组首地址*/
       for (i=0;i<4;i++)                              /*循环输出数组元素地址*/
       { printf(“数组 a 第%d 个元素的地址：%d\n”, i+1, &a[i]); }
       printf("数组元素 a[0]的长度：%d\n", sizeof(a[0]));  /*输出数组元素的长度*/
       return 0;
}
```

运行结果如图 8-15 所示。

```
数组a的首地址:1244952
数组a第1个元素的地址:1244952
数组a第2个元素的地址:1244964
数组a第3个元素的地址:1244976
数组a第4个元素的地址:1244988
数组元素a[0]的长度:12
```

图 8-15　运行结果

从执行结果可以看出，数组首地址和第一个元素的地址相同，而每个数组元素的地址相差为 12，表示每个数组元素的长度为 12。最后，程序使用 sizeof(a[0])证实数组元素 a[0]的长度的确为 12。从以上结果可看出，将二维数组 a 作为一维数组看待时，其每个元素的长度就是二维数组中一行元素的长度之和。

输出数组首地址时没有使用取地址运算符，这是因为数组名就是一个指针常量。在其他计算机中运行该程序，得到的地址值可能不同，但每个元素地址之间的差值肯定是相同的。

2. 建立指针与二维数组的关系

可以通过以下几种方式来建立指针与二维数组的关系。

（1）通过指针数组应用二维数组元素。

指针数组，就是用指向同一数据类型的指针来构成一个数组。数组中的每个元素都是指针变量，根据数组的定义，指针数组中每个元素都为指向同一数据类型的指针。

【例 8-10】建立指针数组与二维数组之间的关系（见图 8-16）。

```
int   *p[3]，i; // 定义循环变量 i 和指针数组 p，包含 3 个指针变量 p[0]、p[1]、p[2]
int a[3][4]={{12, 3, 5, 61}, {60, 54, 13, 8}, {71, 9, 19, 24}}; //定义二维数组 a，并赋初值
for( i=0; i<3;i++)
       p[i]=a[i];     //建立关系，使 p[0]、p[1]、p[2]分别指向数组 a 每行的起始地址
```

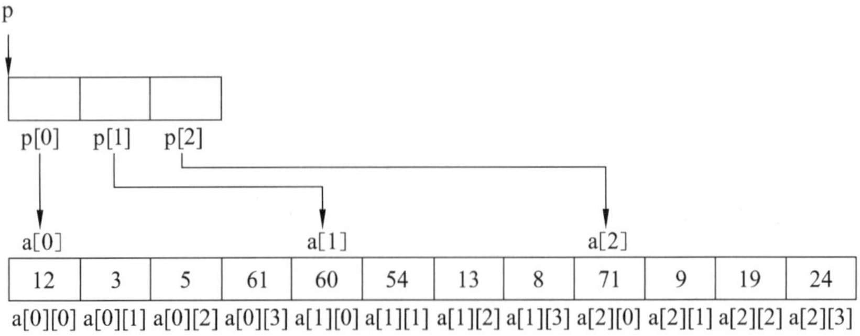

图 8-16　例 8-8

由图 8-16 可以看出如下等价关系：

通过指针 p 引用二维数组行地址 a[i]的等价关系：

① a[i]　　② p[i]　　④ *(p+i)

通过指针 p 引用二维数组元素 a[i][j]的等价关系：

① p[i][j]　　②*(p[i]+j)　　③(*(p+i))[j]　　④*(*(p+i)+j)

（2）通过行指针变量引用二维数组元素。

行指针变量，即指向的元素的数据类型为一维数组的指针变量。行指针每移动一个单位将移动一行的位置。

【例 8-11】建立指针数组与二维数组之间的关系（见图 8-7）。

```
Int(*p)[4];      //定义行指针 p，[4]代表指针所指向的行包含的元素个数
int a[3][4] = { 12, 3, 5, 61, 60, 54, 13, 8, 71, 9, 19, 24 };  //定义一个二维数组 a，并赋初值
p=a;             //建立关系，使行指针 p 指向数组 a
```

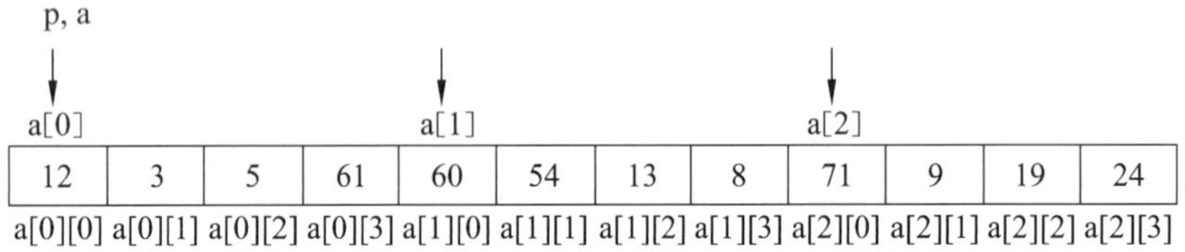

图 8-17　例 8-9

由图 8-17 可以看出如下等价关系：

通过指针 p 引用二维数组行地址 a[i] 的等价关系：

① a[i]　　② p[i]　　④ *(p+i)

通过指针 p 引用二维数组元素 a[i][j]的等价关系：

① p[i][j]　　②*(p[i]+j)　　③ (*(p+i))[j]　　④*(*(p+i)+j)

利用“指针数组”与“行指针”引用二维数组元素的实质是相同的。

3. 通过普通指针变量引用二维数组的元素

可定义一个与二维数组元素类型相同的指针变量来访问二维数组元素。

【例 8-12】建立普通指针与二维数组之间的关系（见图 8-18）。

```
int a[3][4]={12, 3, 5, 61, 60, 54, 13, 8, 71, 9, 19, 24 }; //定义数组 a
int *p;          //定义了一个普通指针 p
p=a[0];          //等价 "p=&a[0][0];"建立关系，指向数组 a 的第一个元素
```

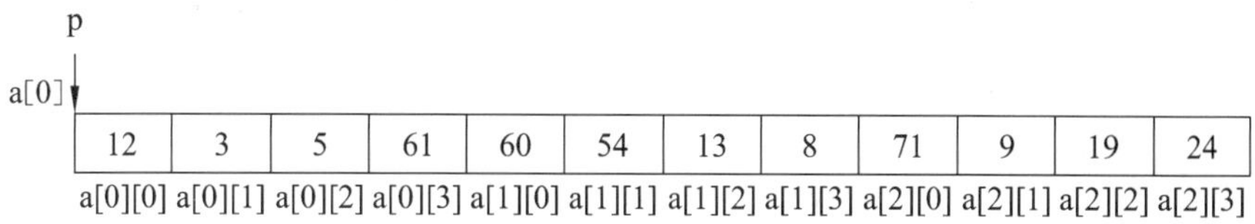

图 8-18　例 8-10

这种方式中，可通过指针的移动，再使用*p 或 p[i]来访问指针所指向的数组元素。这种引用方式看不出指针变量 p 与二维数组各维存在什么样的关系。

4. 二维数组元素或数组名作函数参数

（1）二维数组元素作函数实参。

二维数组元素作函数实参，同前面所讲的一维数组元素或普通基类型数据做函数实参一样。

函数调用时，主调函数向被调函数单向数值传递，被调函数中的形参为同类型的形参变量，形参变量的值的改变不会影响实参的值。

（2）二维数组名作函数参数。

二维数组名作函数实参时，对应的形参可以是同情形的二维数组，也可以是一个行指针变量，并且要求类型一致。

```
void main( )
{
        int   s[5][6];
        ……
        Fun(s);    //实参为二维数组名，即二维数组起始地址
        ……
}
```

函数 fun( )可以是以下两种形式：

```
① fun ( int (*p)[6] )     //形参为行指针
   {  …   }
② fun( int a[5][6])       //形参为同情形的二维数组
   {   …   }
```

或

```
fun(int a[ ][6])
{    …    }
```

当进行函数调用时，将二维数组的首地址传给形参，此时只为形参开辟一个存放地址的存储单元，而不会在调用函数时为形参开辟一系列存放数组的存储单元。

任务 8.4　用字符指针引用字符串

1. 字符指针

字符串是存放在某存储区域的一串字符序列，字符数组可表示字符串，也可用字符指针指向字符串，通过字符指针访问该存储区域。例如：

```
char   *str; str= "apple"; 等价于 char *str= "apple";
```

这里的 str 被定义为一个字符指针，它指向字符串常量。

2. 字符串指针变量的说明和使用

字符串指针变量的定义说明与指向字符变量的指针变量说明是相同的，只能按对指针变量的赋值不同来区别。对指向字符变量的指针变量应赋予该字符变量的地址。例如：

```
char c, *p=&c; 表示 p 是一个指向字符变量 c 的指针变量
```

而：char *s= "C Language"; 则表示 s 是一个指向字符串的指针变量。把字符串的首地址赋予 s。

3. 使用字符串指针变量与字符数组的区别

用字符数组和字符指针变量都可实现字符串的存储和运算，但是两者是有区别的。在使用时应注意以下几个问题：

（1）字符串指针变量本身是一个变量，用于存放字符串的首地址，而字符串本身是存放在以该首地址为首的一块连续的内存空间中并以 '\0'作为串的结束。字符数组是由若干个数组元素组成的，它可用来存放整个字符串。

（2）对字符数组作初始化赋值，必须采用外部类型或静态类型。如：

static char st[]={"C Language"};

而对字符串指针变量则无此限制。如：

char *ps= "C Language";

（3）对字符串指针方式 char *ps= "C Language";

可以写为：

char *ps;

ps= "C Language";

而对数组方式：static char st[]={"C Language"};

不能写为：char st[20]; st={"C Language"};

只能对字符数组的各元素逐个赋值。

从以上几点可以看出字符串指针变量与字符数组在使用时的区别，同时也可看出使用指针变量更加方便。前面说过，当一个指针变量在未取得确定地址前使用是危险的，容易引起错误。但是对指针变量直接赋值是可以的，因为 C 系统对指针变量赋值时要给以确定的地址。因此，

char *ps= "C Langage";

或者 char *ps;

ps= "C Language"; 都是合法的。

5. 字符串的引用

通过前面的学习，我们知道字符串是存放在字符数组中的。要想引用一个字符串，可以有两种方法。

第一种：用字符数组存放一个字符串，可以通过数组名和下标引用字符串中的一个字符，也可以通过数组名和格式声明“%s”输出该字符串。

【例 8-13】定义一个字符数组，在其中存放字符串“I love China!”，输出该字符串和第 8 个字符。

解题思路：定义字符数组 string，对它初始化，由于在初始化时字符的个数是确定的，所以可不必指定数组的长度。用数组名 string 和输出格式%s 可以输出整个字符串。用数组名和下标可以引用任一数组元素。

```
#include <stdio.h>
int main()
{ char string[]= "I love China!";
    Printf("%s\n", string);       /*用%s 格式声明输出 string*/
    Printf("%c\n", string[7]);   /*用%c 格式声明输出 string[7]*/
    return 0;
}
```

运行结果如图 8-19 所示。

```
I love China!
c
```

图 8-19　运行结果

第二种：可以把字符数组的首地址赋给一个指针变量，那么这个指针变量则指向这个字符数组，使用该指针变量可以完成对字符数组的操作。此外，我们还可以利用字符串常量对字符指针进行初始化。例如：

```
char *str= "C language!";       /*定义字符指针变量 str 并初始化*/
```

此时，字符指针指向的是一个字符串常量的首地址，即指向字符串的首地址。

6. 应用示例

【8-14】编程实现：将字符串中的指定字符用另一个字符替换。

分析：自定义函数 replace()实现字符替换功能，用指针 p-访问要操作的字符串，用形参 oldc 替换前的字符，用形参 newc 替换后的字符。基本思路：从 p 指向的第一个元素开始，依次判断 p[i]是否与参数 oldc 所表示的字符相同，若是，则用 newc 替换 oldc，当 p 所指向的字符为字符串结束标志'\0'时为止。

```
#include "stdio.h"
void replace(char *p, char oldc, char newc)
{        int i;
          for(i=0; p[i]!= '\0';i++)
```

```
        if(p[i]==oldc)
          p[i]=newc;
}

void main()
{         char s[]= "apple", c1, c2;
          printf("\n 原字符串为%s",s);
          printf("\n 请指定一个被替换字符:");
          c1=getchar( );
          fflush(stdin);     //清空输入缓冲区函数
          printf("请输入一个新字符:");
          c2=getchar( );
          replace(s, c1, c2);
          printf("新字符串为%s\n", s);
}
```

运行结果如图 8-20 所示。

```
原字符串为apple
请指定一个被替换字符:a
请输入一个新字符:A
新字符串为Apple
```

图 8-20　运行结果

课堂练习

自定义函数：计算一个字符串的实际长度。请填空。

```
int strlen(char *s)
{
     int len=0;
              ______________________________;
              ____________________;
     return(len);
}
```

任务 8.5　返回地址的函数

一个函数可以返回一个整型值、字符值、实型值等，也可以返回指针型的数据，即地址。其概念与以前类似，只是返回的值的类型是指针类型而已。用户也可根据需要编写返回值为地址（指针）的函数。

定义返回指针值的函数的一般形式为：

```
类型标识符　* 函数名（[形参列表]）;
```

如：int *f(int *x, int *y);

（1）f 是函数名，x、y 是形参。

（2）函数的返回值为整型指针类型，也就是地址类型。

【例 8-15】自定义函数 f()，实现返回两个整数中较大数的地址。

```
#include "stdio.h"
int *f(int *x，int *y)    //函数返回值是指针类型
{           if(*x>*y)
                    return x; //返回变量 x 的地址
            else
                    return y;
}
void main()
{
            int *p，i，j;
            printf("请输入两个整数:");
            scanf("%d %d", &i, &j);
            p=f(&i，&j);     //接收返回值的变量 p 是指针类型
            printf("第一个数为%d, 存储地址为:%p.\n", i, &i);
            printf("第二个数为%d, 存储地址为:%p.\n", j, &j);
            printf("较大的数为%d, 存储地址为:%p.\n", *p, p);
}
```

正确使用返回值为地址（指针）的函数，需做到三点：

（1）函数定义时，在函数名前加“*”指明函数返回值为地址值。

（2）函数返回值语句 return 中指明返回的是地址值。

（3）主调函数中返回值的接收者也为指针类型。

```
int * f(int *x, int *y)              void main( )
{                                    {
    if(*x>*y)                          int *p, i, j;
            return x;                  ……
    else                               p=fun（&i，&j）;
            return y;                          ……
}                                    }
```

课堂练习

自定义函数：下面函数的功能是：获取第 n 个数组元素的地址。请填空。

```
______________ getadd( int *p, int n)
{
        return （ ______________ ）;
}
```

项目考核

一、选择题

1. 变量的指针，其含义是指该变量的（　　）。

A. 值　　C. 地址

B. 名　　D. 一个标志

2. 若有语句 int *point，a=4;和 point=&a;下面均代表地址的一组选项是（　　）。

A. a, point, *&a　　B. &*a, &a, *point

C. *&point, *point，&a　　D. &a, &*point, point

3. 若有说明 int *p，m=5, n; 以下正确的程序段是（　　）。

A. p=&n;
scanf("%d", &p);

B. p=&n;
scanf("%d", *p);

C. scanf("%d", &n);
*p=n;

D. p=&n;
*p=m;

4. 以下程序中调用 scanf 函数给变量 a 输入数值的方法是错误的，其错误原因是（　　）。

```
main()
{
    int *p, *q, a, b;
    p=&a;
    printf("input a:");
    scanf("%d", *p）;
    ……
}
```

A. *p 表示的是指针变量 p 的地址

B. *p 表示的是变量 a 的值，而不是变量 a 的地址

C. *p 表示的是指针变量 p 的值

D. *p 只能用来说明 p 是一个指针变量

5. 已有变量定义和函数调用语句：int a=25; print_value(&a)；下面函数的正确输出结果是（　　）。

```
void print_value(int *x)
{    printf("%d\n", ++*x);}
```

A. 23　　B.24　　C.25　　D.26

6. 若有说明：long *p，a;则不能通过 scanf 语句正确给输入项读入数据的程序段是（　　）。

A. *p=&a；scanf("%ld", p);

B.　p=(long *)malloc(8)；scanf("%ld", p);

C. scanf("%ld", p=&a);

D. scanf("%ld", &a);

7. 有以下程序

```
    #include<stdio.h>
    main()
{   int m=1, n=2, *p=&m, *q=&n, *r;
    r=p; p=q; q=r;
    printf("%d, %d, %d, %d\n", m, n, *p, *q);
}
```

程序运行后的输出结果是（　　）。

A. 1，2，1，2　　B. 1，2，2，1

C. 2，1，2，1　　D. 2，1，1，2

8. 有以下程序：

```
Main()
{ int   a=1, b=3, c=5;
  int   *p1=&a, *p2=&b, *p=&c;
  *p =*p1*(*p2);
  printf("%d\n", c);
}
```

执行后的输出结果是（　　）。

A. 1　　B. 2　　C. 3　　D. 4

9. 有以下程序：

```
  main()
{     int a, k=4, m=4, *p1=&k, *p2=&m;
a=p1==&m;
printf("%d\n", a);
}
```

程序运行后的输出结果是（　　）。

A. 4　　B. 1　　C. 0　　D. 运行时出错，无定值

10. 在 16 位编译系统上，若有定义 int　a[]={10,20,30}, *p=&a;，当执行 p++;后，下列说法错误的是（　　）。

A. p 向高地址移了一个字节　　B. p 向高地址移了一个存储单元

C. p 向高地址移了两个字节　　D. p 与 a+1 等价

二、填空题

1. 以下的运行结果是 ________________。

```
#include<stdio.h>
main()
```

```
{int I, k;
 for(I=0;I<4;I++);
   {k=sub(&I);
    printf("%3d", K);
   }
printf("\n");
}
sub(int *s)
{static int t=0;
 t=*s+t;
}
```

2. 以下的运行结果是______________。

```
#include "string.h"
int *P;
main()
{int a=1, b=2, c=3;
p=&b;
pp(a+c, &b);
printf("(!) %d %d %d \n", a, b, *p);
}
```

```
pp(inta, int *b)
{int c=4;
p=*b+c;
a=*p-c;
printf("(2)%d %d %d \n", a, *b, *p);
}
```

3. 下面程序是把从终端读入的一行字符作为字符串放在字符数组中，然后输出。请填空。

```
int i;
char s[80], *p;
for ( i=0; i<79; i++ )
{s[i]=getchar();
 If(s[i]=='\n')    break;
}
s[i]= _______ ;
p=______;
while(*p)putchar(*p++);
```

4. 下面程序段的运行结果是____________。

```
char s[80], *sp= "HELLO!";
sp=strcpy(s, sp);
s[0]='h';
puts(sp);
```

5. 下面程序运行结果是_____。

```
char    s[20]= "abcd";
char *ssp=s;
sp++;
puts(strcat(sp, "ABCD"));
```

三、编程题

1. 有三个字符串，要求按字母顺序输出。

2. 下面程序的功能是将十进制数转换成十六进制数。（注：'0'和'A'的 ASCII 码值为 48，65）

3. 设有 5 个学生，每个学生考 4 门课，以下程序能检查这些学生有无考试不及格的课程。若某一学生有一门或一门以上课程不及格，就输出该学生的序号（序号从 0 开始）和其全部课程成绩。

项目实训

1. 有一个长度不大于40的字符串，已知其中共包含两个字符“A”，求处于两个字符“A”中间的字符个数，以及这些字符。

算法分析：

（1）定义字符数组a[40]，b[40]，计数器n=0；

（2）接收字符数组a；

/*用户自定义函数*/

（3）定位第一个字符'A'的位置；

（4）从'A'的后一个字符开始为字符数组b赋值，同时计数器加一，直到遇到第二个字符'A'；

（5）修正字符数组b；

（6）输出字符数组b和计数器n。

2. 返回指针值的函数，有一个长度不大于40的字符串，已知其中总包含两个字符'A'，编写函数求处于两个字符'A'中间的这些字符。

解决方法：

（1）把求得的字符串在子函数中直接输出。

（2）用数组的形式利用共用空间的方式带回到主调函数中。

算法思路：

（1）接收字符串；

（2）把'A'之间的字符复制到一个字符数组中；

（3）把该字符数组的地址返回到主调函数中。

项目 9　用户自定义数据类型

项目导读

从项目 2 中我们了解到，C 语言中的数据类型除了基本数据类型外，还包括构造数据类型。其中，基本数据类型（如 int、float、double、char 等）是 C 语言事先规定好的，用户可以在程序中用它们定义变量，解决一般的问题。但是，当要处理的问题比较复杂时，就必须借助构造数据类型来解决问题了。

本项目首先介绍了结构体变量的定义和使用，然后介绍了结构体数组和结构体指针的定义和使用，接着介绍了链表的有关操作，最后介绍了共用体和枚举类型的定义和使用。

学习目标

- 掌握结构体类型声明、结构体变量定义、引用和初始化的方法；
- 掌握结构体数组定义及初始化方法；
- 掌握结构体指针的应用；
- 了解链表的相关操作；
- 了解共用体变量的引用和初始化方法；
- 了解枚举类型的概念；
- 掌握用 typedef 声明新类型名的方法。

任务 9.1　结构体类型的基本使用

在前面的学习中，使用的是基本数据类型去定义变量，而结构体类型的使用，就要先定义数据类型之后再去定义变量。例如，要让计算机存储和处理学生信息，输出满足条件的学生信息，C 语言没有一种定义学生的类型，如果直接使用基本数据类型去定义学生显然是不满足要求的。所以，就考虑自己定义一种能表示学生的数据类型，那些东西能代表学生呢？那肯定就是一些和学生相关的属性，比如学号、姓名、性别、年龄、成绩就是学生的属性，把这些属性组合起来复合到一个类型，这种复合类型中最典型的就是结构体类型，复合类型除了可以定义学生类型之外，还可以定义各种各样的实体，如汽车（型号、大小、颜色等属性）和人（姓名、民族、年龄、性别等属性）。为了使计算机解决更多的更复杂的现实生活中的问题，就必须使用结构体类型先定义实体。有了这些结构体实体就可以定义结构体变量，进行一系列的相关操作，最终达到计算机输出我们想要的结果。通过构造学生结构体类型表示学生的相关信息，如果还需要计算机存储多个学生的信息，就可以使用数组来存放具有这种结构体类型的学生，这就形成了下表所表示的多个学生的数据表。学生：学号为整数，姓名为字符串，性别字符，年龄为整数，成绩为小数。由于数据类型不同，显然不能用一个数组来存放。

1. 结构体的概念

C 语言允许用户自己建立由不同类型数据组成的复合型数据结构，称为结构体（structure）。结构体是构造类型数据，它与数组的区别在于其中的成员可以不是同一种数据类型。结构体除了结构体变量需要定义后才能使用外，结数据构体的类型本身也需要定义。结构体由若干“成员”组成，每个成员可以是一个基本的数据类型，也可以是一个已经定义的构造类型。

2. 基本思路

绘制二维表格的步骤：

第一步：制作表头；

第二步：画出各行；

第三步：编辑各行数据。

如何转换成 C 语言描述？这就需要使用结构体类型，结构体类型的步骤：

第一步：结构体类型说明；

第二步：结构体变量定义。

3. 结构体类型的定义

每个结构体有一个名字，称为结构体名，所有成员都组织在该名字之下。一个结构体由若干成员组成，它是组成结构体的要素，每个成员的数据类型可以不同，也可以相同。每个成员有自己的名字，称为结构体成员名。

（1）结构体类型定义的一般形式：

```
struct  <结构体类型名>                    // struct 为结构体类型关键字
{  <类型名 1>  <成员变量名 1>;   ┐
   <类型名 2>  <成员变量名 2>;   ├─ 结构体类型成员列表
   ......                       │
   <类型名 n>  <成员变量名 n>;   ┘
};
```

struct 为结构体类型关键字，是结构体类型说明的标识，不能省；结构体类型名是由用户指定的，又称“结构体标记”，花括号内是该结构体所包括的子项，即结构体成员。结构体类型中的各个成员变量用大括号{}括起来，并以分号“;”结束。大括号后面的分号不能少，因为这是一条完整的语句。其中成员的“类型名”可以是各种基本数据类型、数组，也可以是已说明的结构体类型；“成员变量名”是每一个成员变量的名称。

【例 9-1】完成下列学生信息表的结构体定义（表 9-1）。

```
struct student
{
    int num;            /*学号为整型*/
    char name[20];      /*姓名为字符串*/
    char sex;           /*性别为字符型*/
    int age;            /*年龄为整型*/
    float score;        /*成绩为实型*/
};
```

表 9-1　学生信息

学号	姓名	性别	年龄	成绩
2012001	张晓霞	女	21	67
2012002	王玲	女	20	87
2012003	李刚	男	20	56
2012004	赵小华	男	19	95

结构体类型定义描述结构的组织形式，不分配内存。

（2）结构体的嵌套定义：

嵌套结构体类型就是一个结构体类型中包含结构体类型的成员项。结构体的嵌套定义有两种形式。

第一种表示方式：如例 9-2 中，定义的 struct date 结构体类型包含 3 个成员项 year、month 和 day，接着定义 struct student 结构体类型包含 6 个成员项，其中 num、name 、sex、age 和 score 是基本类型，而 birthday 是 struct date 类型。所以，这种结构体定义就属于嵌套的结构体定义。

【例 9-2】结构体的嵌套定义应用。

```
struct date
{
    int year;
    int month;
    int day;
};

struct student
{
    int num;                    /*学号为整型*/
    char name[20];              /*姓名为字符串*/
    char sex;                   /*性别为字符型*/
    int age;                    /*年龄为整型*/
    struct date birthday;       /*嵌套 date 结构体*/
    float score;                /*成绩为实型*/
};
```

第二种表示方式：如例 9-3 中，定义的 struct student 结构体类型的同时定义 struct date 结构体类型，定义好 struct date 之后，可以给出其成员项 birthday，这种形式也可以作为结构体的嵌套定义。

【例 9-3】结构体的嵌套定义应用。

```
struct student
{
    int num;                /*学号为整型*/
    char name[20];          /*姓名为字符串*/
    char sex;               /*性别为字符型*/
    int age;                /*年龄为整型*/
    struct date
    {
     int year;
     int month;
     int day;
    } birthday;             /*嵌套 date 结构体*/
    float score;            /*成绩为实型*/
};
```

（3）结构体的递归定义：

结构体递归定义就是在一个结构体类型内部包含具有自身结构体类型的成员项。

【例 9-4】结构体递归定义应用。

```
struct node
{
    int data;
    struct node*next;
};
```

定义的 struct node 结构体类型包含 2 个成员项 data 和 next，data 是整型类型，next 是指针类型并指向 struct node 结构体类型。

注意：结构体递归定义中必须使用结构体类型的指针成员项，不能使用本结构体类型的普通成员项。

4. 结构体变量的定义

结构体变量的定义有三种不同的形式。

第一种形式：先定义结构体类型，之后定义结构体变量。如例 9-5，首先定义 struct student 的结构体类型，包含 5 个成员项，再利用 struct student 的结构体类型定义 2 个变量 stu1、stu2，stu1、stu2 都属于 struct student 的结构体类型，它们各自也有 5 个成员项。还可以利用宏定义#define STUDENT struct student 将其中的 student 替换为 STUDENT，两种程序代码功能是完全一致的。

【例 9-5】结构体变量的定义应用。

```
struct student                       #define STUDENT struct student
{                                    STUDENT
    int num;                         {
    char name[20];                       int num;
    char sex;                            char name[20];
    int age;                             char sex;
    float score;                         int age;
};                                       float score;
 struct student stu1，stu2;          };
                                         STUDENT   stu1，stu2;
```

第二种形式：在定义结构体类型的同时定义结构体变量。如例 9-6，先定义 struct student 结构体类型，再在右花括号后面接着定义结构体变量 stu1、stu2，最后以分号结束说明 stu1、stu2 属于这种结构体。

【例 9-6】结构体变量的定义应用。

```
struct student
{
    int num;
    char name[20];
    char sex;
    int age;
    float score;
}stu1，stu2;
```

第三种形式：在定义结构体时直接定义结构体变量。结构体类型的类型名可以省略。如例 9-7，只给出 struct 关键字，接着给出 5 个成员项，紧跟着定义 2 个变量 stu1、stu2。

【例 9-7】结构体变量的定义应用。

```
struct
{
    int num;
    char name[20];
    char sex;
    int age;
    float score;
 } stu1，stu2;
```

以上三种形式都可以定义结构体变量，相对于程序的重复利用来说，最好是选用第一和第二种形式去定义结构体变量。

5. typedef 类型重命名

C 语言为了程序的可读性和可移植性好，允许程序员给原有程序重新命名。利用

typedef 将原有程序名重新命名为新的程序名。

类型重命名的一般格式如下：

```
typedef  类型名  别名;
```

typedef 类型定义的关键字，类型名可以是 int、float、char 等类型的名字，别名是新的类型标识符。

【例 9-8】typedef 类型定义一般变量。

```
typedef    int   INTEGER;                    /*定义 int 的别名为 INTEGER*/
INTEGER   a, b;    等价   int   a, b;        /*定义 int 类型的变量 a 和 b */
typedef    float   REAL;                     /*定义 float 的别名为 REAL */
REAL   x, y, z;    等价   float x, y, z;     /*定义 float 类型的变量 x、y 和 z */
```

typedef 除了给简单的数据类型重命名之外，也可以给复杂的结构体重命名。

【例 9-9】可用 typedef 说明一个结构体、共同体等用户自定义类型。

```
//使用 typedef 将用户自定义的结构类型命名为 STUDENT
typedef   struct   student
{
      int num;
      char name[20];
      char sex;
      int age;
      float score;
 }STUDENT;     /*别名*/
//用 STUDENT 定义结构体变量 stu1, stu2
STUDENT    stu1, stu2; "等价"struct student stu1, stu2;
```

所以在之后要定义这种结构体，可以使用别名 STUDENT 来定义变量，例如“STUDENT stu1, stu2;”等价于“struct student stu1，stu2;”。这里要注意结构体重命名中 STUDENT 前面不能加 struct。typedef 只是对已有的类型名增加一个新的替换名，并不是定义新的类型，也不是取代现有的类型名。因此，前面这段程序也可以写成如下的程序。

【例 9-10】可用 typedef 说明一个结构体、共同体等用户自定义类型。

```
struct   student
{
      int num;
      char name[20];
      char sex;
      int age;
      float score;
 };
```

```
typedef struct student STUDENT ;
  STUDENT stu1, stu2;
```

课堂练习

根据某单位招聘考试结果信息，利用所学知识完成表 9-2 中数据的结构体定义。

表 9-2　考试结果

编号	姓名	笔试成绩	面试成绩	总成绩
1501	王虎	89	92	181
1502	李雪	87	96	183
1503	张扬	82	85	167

6. 初始化形式

在定义结构体变量的同时，可以对其进行赋值，即对其初始化。其一般格式为：

```
struct 结构体名 结构体变量名={初始数据};
```

其中，数据与数据之间用逗号隔开；数据的个数要与被赋值的结构体成员的个数相等；数据类型要与相应结构体成员的数据类型一致。

【例 9-11】结构体初始化应用（见图 9-1）。

```
struct student
{
     int num;           /*学号为整型*/
     char name[20];     /*姓名为字符串*/
     char sex;          /*性别为字符型*/
     int age;           /*年龄为整型*/
     float score;       /*成绩为实型*/
}stu1={ 2012001, "张晓霞", 'W', 21, 67}, *stu2;
```

stu1	**2012001**
	张晓霞
	W
	21
	67

图 9-1　例 9-11

定义结构体变量 student，包含 5 个成员项，接着定义结构体变量 stu1 和指针变量 stu2，并直接给 stu1 赋初值，由于结构体有 5 个成员项，所以要依次为其成员项赋初值，花括号内的初值必须与成员项的顺序一致，如图 9-1 所示，给结构体变量 stu1 赋初值，就是将所有的成员项的初值依次存放在变量 stu1 的空间里。

【例 9-12】结构体类型是嵌套定义的，则初始化形式应用（见图 9-2）。

```
struct date
{
    int year;
    int month;
    int day;
};

struct student
{
    int num;
        char name[20];
        char sex;
        int age;
        struct date birthday;
        float score;
}stu1={1018, "mali", 'W', 20, {1999, 5, 18}, 86};
```

stu1
1018
Mali
W
20
1999
5
18
86

图 9-2　例 9-12

7. 结构体变量的引用

结构体变量的使用是通过对其每个成员的引用来实现的。要对结构体变量进行赋值、存取或运算，实质上是对结构体成员的操作。访问结构体变量的成员，需使用“成员运算符”（也称“圆点运算符”），结构体变量的引用的一般形式如下：

```
结构体变量名.成员名
```

其中，“.”是结构体的成员运算符，它在所有运算符中优先级最高，因此，上述引用结构体成员的写法可以作为一个整体看待。结构体变量中的每个成员都可以像同类型的普通变量一样进行各种运算。

指向结构体的指针变量，则指针变量的成员项的表示形式为：

```
结构体指针变量->成员名
```

【例 9-13】结构体变量的引用示例。

```
struct student
{
    int num;
    char name[20];
    char sex;
    int age;
```

```
        struct date
          {
               int year;
               int month;
               int day;
            } birthday;
          float score;
}stu1, *stu2;
```

例 9-13 中有关的几点说明：

（1）如果要引用 stu1 中的成员项 age 可以表示为：stu1.age; stu1.

（2）如果要引用 stu1 中的 birthday 的成员项 day 可以表示为：birthday.day

（3）如果要引用 stu2 的成员项可以表示为：stu2->score; 等价(*stu2). score;

（4）如果要引用 stu2 的成员项可以表示为：(*stu2). birthday.day, stu2->birthday.day

8. 结构体变量的输入/输出

结构体变量的赋值就是给各成员项的赋值。可用输入语句或赋值语句来实现。

【例 9-14】结构体变量的输入/输出应用。

```
#include<stdio.h>
 #include<string.h>
 main()
 {struct student
    {
    int num;
    char name[20];
    char sex;
    int age;
    float score;
    }stu1， stu2;
stu1.num=1108;
strcpy(stu1.name, “wang ling”);
scanf(“%c%d%f”, &stu1.sex, &stu1.age, &stu1.score);
stu2=stu1;
printf(“num=%d\n name=%s\n”, stu2.num, stu2.name);
printf(“sex=%c\n age=%d\n    score=%f\n”, stu2.sex,
stu2.age, stu2.score  ）;
```

注：相同结构体类型变量允许相互整体赋值，而不允许结构体变量对输入、输出等其他运算进行整体操作，只能对其成员项进行操作。

9. 结构体变量的内存分配

结构体类型内存空间大小取决于所有成员项所占内存的大小总和。内存对齐原则，导致系统分配的空间可能大于实际计算的字节数。系统和编译器的不同计算的字节数也不同。结构体类型内存空间大小需要用 sizeof（结构体名）或 sizeof（结构体变量名）来得到所需内存的字节数。所有的数据类型是不分配空间的，只有当程序中定义了结构体类型的变量后，编译系统才会按照该结构体的内存大小为其变量安排一片连续的存储单元。

【例 9-15】结构体变量的输入/输出应用。

```
struct student
{
    int num;                    /*学号为整型*/
    char name[10];              /*姓名为字符串*/
    char sex;                   /*性别为字符型*/
    int age;                    /*年龄为整型*/
    struct date birthday;       /*嵌套 date 结构体*/
    float score;                /*成绩为实型*/
}stu1;
\\则 sizeof（struct student）或 sizeof(stu1)的值均为 24。
```

C 系统为了遵循对齐原则，具体分配空间如图 9-3 所示。

num	name	sex		age	score
4 字节	10 字节	1 字节	X（1 字节）	4 字节	4 字节

图 9-3　分配空间

课堂练习

根据某单位招聘考试结果信息。利用所学知识完成表 9-3 中数据的结构体输入和输出。

表 9-3　考试结果

编号	姓名	笔试成绩	面试成绩	总成绩
1501	王虎	89	92	181
1502	李雪	87	96	183
1503	张扬	82	85	167

任务 9.2　结构体数组和结构体指针变量

数组的元素类型可以是任意类型，只要所有元素的类型相同即可。显然，数组元素的类型也可以是结构体类型，这样的数组就是结构体数组。前面定义的结构体变量 stu1、stu2 描述了两个学生的信息，如果我们想描述 80 个学生的信息，显然，定义一个长度为 80 的结构体数组是更合适的选择。

1. 结构体数组

（1）结构体数组的定义：

当数组数据元素的类型为结构体类型时，数组就是结构体类型的数组。结构体数组的每一个数据元素都是具有相同结构体类型的下标结构体变量。

定义结构体数组的一般形式为：

```
struct  结构体类型名  结构体数组名[数组长度];
```

【例 9-16】定义结构体数组：struct student stu[80];

功能：定义一个元素类型为“结构体类型名”的结构体数组，它的长度是“数组长度”。

说明：定义后，系统为这个结构体数组分配一块连续的空间。例如，上面定义的结构体数组 stu 内存分配情况如下：

stu[0]	1101	Zhang Yu	M	85.2
stu[1]	1102	Wang Hua	M	90.1
stu[2]	1103	Chen Yuanyuan	F	75.0
…	…	…	…	…
stu[79]	1180	Li MinLi	F	82.9

与定义结构体变量一样，定义结构体数组也有三种方式，效果均相同。以定义数组 stu[80]为例，三种方式如下：

```
struct student              struct student          struct
{int num;                   { int num;              { int num;
   char name[20];              char name[20];          char name[20];
   char sex;                   char sex;               char sex;
   float score;                float score;            float score;
}; struct student stu[80];  } stu[80];              } stu[80];
```

【例 9-17】根据学生信息表（表 9-4），定义一个结构体数组。

```
struct student
{
      int num;              /*学号为整型*/
      char name[10];        /*姓名为字符串*/
      char sex;             /*性别为字符型*/
      int age;              /*年龄为整型*/
      float score;          /*成绩为实型*/
}stu[5];
```

表 9-4 学生信息

学号	姓名	性别	年龄	成绩
2012001	张晓霞	女	21	67
2012002	王玲	女	20	87
2012003	李刚	男	20	56
2012004	赵小华	男	19	95

（2）结构体数组的初始化：

结构体数组初始化的方法与其他类型数组初始化的方法相同，只是数组中的每个元素都是结构体变量。定义数组的时候，数组长度可以不指定。编译时，系统根据给出初值的结构体常量的个数来确定数组元素的个数。一个结构体常量应包括结构体中全部成员的值。

在定义结构体数组时，也可以对其进行初始化赋值。

【例 9-18】根据例 9-16 中的学生信息表，完成结构体数组的初始化。

```
struct student
{
    int num;
    char name[10];
    char sex;
    int age;
    float score;
};
struct student stu[5]={
{ 1201, "Liling", 'W', 21, 85},
{ 1202, "Zhang xing", 'M' ,21, 92.5},
{ 1203, "Zhang fang", 'W', 20, 62},
{ 1204, "Chen hui" , 'M', 21, 78},
{ 1205, "Wang min" , 'W', 19, 47},
};
```

（3）结构体数组的引用：

对结构体数组的引用通过逐个引用数组元素来实现。因为每个数组元素都是一个结构体变量，所以前述对结构体变量的引用方法都适用于结构体数组元素。

【例 9-19】输出成绩大于 60 分的学生信息及成绩。

```
#include<stdio.h>
struct student
{
    int num;
    char name[10];
    char sex;
    int age;
    float score;
} stu[5]={
  { 1201, "Liling", 'W', 21, 85},
  { 1202, "Zhangxing", 'M', 21, 92.5},
  { 1203, "Zhangfang", 'W', 20, 62},
{ 1204, "Chenhui", 'M' ,21, 78},
{ 1205, "Wangmin", 'W', 19, 47}};
void main()
{ int   i;
    for（  i=0;i<3;i++ ）
        { if（  stu[i]. score>60 ）
printf("num =%d, name=%s, sex=%c, age=%d,
score=%f\n", stu[i].num, stu[i].name, stu[i]. sex,
stu[i]. age, stu[i]. score); }
}
```

2. 结构体指针变量

结构体指针变量就是指向结构体变量的指针变量。同其他类型一样，指针同样可以指向一个结构体类型变量，此时，指针变量的值就等于该结构体变量的首地址。指针变量也可以指向结构体数组中的元素。

定义指向结构体变量指针的一般形式为：

```
struct    结构体名称 *结构体指针变量名称；
```

定义了一个指向“结构体名称”的指针，该指针将来用于存储某一结构体变量的首地址。结构体指针变量也必须先赋值后使用。赋值就是把结构体变量的首地址赋值给该指针变量。

3. 结构体类型的嵌套定义

有了结构体指针变量，就能更方便地访问结构体变量的各个成员项。

一般形式为：

```
(*指针). 成员名   或    指针->成员名
```

需要注意的是（*指针）两侧的括号是不可以少的，因为成员运算符“.”的优先级高于间接寻址运算符“*”。

【例 9-20】结构体类型的嵌套定义应用。

```
#include<stdio.h>
 #include<string.h>
 void main()
 { struct STU
      {   char name[10];
          int num;
      }b={"LiSiGuo"，2042}, *a;
   a=&b;
   strcpy(a->name, "YangSan");
   a->num=2012;
 printf(" name=%s\n num =%d\n", b.name, b.num);
 printf(" name=%s\n num =%d\n", a->name, a-> num);
}
```

运行结果如图 9-4 所示。

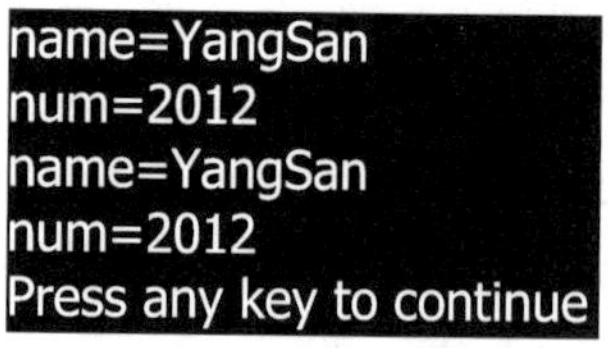

图 9-4　运行结果

4. 指向结构体数组的指针

对于已定义结构体数组，若用一个变量来存放该结构体数组在内存中的首地址，则该变量为指向结构体数组指针变量。

【例 9-21】定义结构体类型 person 和结构体指针变量为 p。

```
struct person
{
        char name[10];
```

```
        int age;
};
   struct person*p, stu[3]={"zhang", 18, "wang", 20, "li", 17};
   p=stu; 或 p=&stu[0];
```

【例 9-22】用指针变量输出结构体数组元素。

```
#include<stdio.h>
 struct   student
 {
     int num;
     char name[20];

     char sex;

     float score;
 } stu[5]={
 { 101, "Zhou ping", 'M', 45},
 { 102, "Zhang ping", 'M', 62.5},
 { 103, "Liou fang", 'W', 92.5},
 { 104, "Cheng ling", 'M', 87},
 { 105, "Wang ming", 'M', 58}};
void main()
{ struct   student *ps;
    printf(" No\tName\t\t\tSex\tScore\t\n");
    for(ps=stu;ps<stu+5;ps++)
printf("%d\t%s\t\t%c\t%f\t\n",
(*ps).num, (*ps). Name, (*ps). Sex, (*ps). Score); }
/*等价于: printf("%d\t%s\t\t%c\t%f\t\n",
 ps->num, ps-> name, ps->sex, ps-> score);   }*/
```

运行结果如图 9-5 所示。

```
No      Name                    Sex     Score
101     Zhou ping               M       45.000000
102     Zhang ping              M       62.500000
103     Liou fang               W       92.500000
104     Cheng ling              M       87.000000
105     Wang ming               M       58.000000
Press any key to continue
```

图 9-5　运行结果

课堂练习

编写程序：查看下列 3 名学生的信息，包括学号、姓名、性别和成绩（见图 9-6）。

```
The students are:
No      Name                    Sex     Score
1101    Zhang Yu                M       85.20
1102    Wang Hua                M       90.10
1103    Chen Yuanyuan           F       75.00
Press any key to continue
```

图 9-6　输出信息

任务 9.3　结构体与函数

同其他类型数据一样，结构体类型数据也可以作函数参数。函数之间结构体类型数据的传递和其他类型数据一样，是单向的“值传递”方式。同样，指向结构体类型数据的指针也可以作函数参数，这时，被调用函数对数据的修改可以体现在调用函数中。

1. 结构体类型的函数

函数的返回值除了可以是基本数据类型的数据外，还可以是结构体类型的数据，若函数返回值的类型是结构体类型，则称该函数为结构体类型函数。

其一般定义形式：

```
struct 结构体类型名 函数名(形参列表)
    {
     函数体
    }
```

其中，结构体类型必须是已定义的。

【例 9-23】每个学生有 3 门课成绩，用函数输入学生的成绩，并求出每个学生的平均成绩。

问题分析：

（1）要定义一个学生结构体类型：

```
struct student
{
      char name[10];
      float score[3];
      float average;
};
```

（2）定义一个函数，利用循环执行 3 门课程的输入，分别存放到结构体成员项的 score 数组中，最后计算出 average 的值。

（3）输入 3 个同学的其他成员项的值，也就是给学生姓名成员项输入值。

（4）利用循环输出 3 个同学的姓名和平均成绩。

程序代码：

```
#include<stdio.h>
struct student
{
      char name[10];
      float score[3];
      float average;
};
struct student input()
```

```
void main()
{struct student   stu[3];
   int   i;
 for(i=0;i<3;i++)
{ stu[i]=input();
    printf ("enter name:");
    scanf("%s", stu[i].name);
 }
```

```
{ struct student s;
    int i;
    float sum=0;

printf("enter 3 score:");
    for(i=0;i<3;i++)
    { scanf("%f", &s.score[i]);
        sum=sum+s.score[i];
     }
     s.average=sum/3;
     return s;}
```

```
    for(i=0;i<3;i++)
    printf("%10s%10.1f\n", stu[i].name, stu[i].average);
}
```

运行结果如图 9-7 所示。

```
enter 3 score:66 87 90
enter name:丽丽
enter 3 score:87 90 87
enter name:张三
enter 3 score:8 77 67
enter name:李四
          丽丽      81.0
          张三      88.0
          李四      77.3
Press any key to continue
```

图 9-7　运行结果

2. 结构体变量作函数参数

结构体变量作函数参数进行整体传送。

【例 9-24】读程序，分析程序运行结果。

```
#include<stdio.h>
struct student
{    int num;
     char *name;
     char sex;
     float score;
};

void main()
 {struct student   stu1={1011, "zhangping", 'M', 41};
    void print(struct student b);
print(tu1); printf("num=%d\nname=%s\nsex=%c\nscore=%f\n", stu1.num, stu1.name,
```

```
stu1.sex, stu1.score);}

void print(struct student b)
{printf( "num=%d\nname=%s\nsex=%c\nscore=%f\n", b.num, b.name, b.sex, b.score );}
```

运行结果如图 9-8 所示。

```
num=1011
name=zhangping
sex=M
score=41.000000
num=1011
name=zhangping
sex=M
score=41.000000
Press any key to continue
```

图 9-8　运行结果

在 C 语言中允许用结构体变量作函数参数进行整体传送。但是这种传送要将全部成员逐个传送，特别是成员为数组时将会使得传送的时间和空间开销很大，严重地降低了程序的效率。因此，最好的办法就是使用指针，即用指针变量作函数参数进行传送。这时由实参传向形参的只是地址，从而减少了时间和空间的开销。

3. 结构体指针变量作函数参数

【例 9-25】计算一组学生的平均成绩和不及格人数。

```
#include<stdio.h>
struct student
{   int num;
    char   *name;
    char sex;
    float score;
} stu[5]={
  { 1011, "Liling", 'M', 41},
  { 1012, "Zhangxing", 'W', 68},
  { 1013, "Zhangfang", 'W', 97},
  { 1014, "Chenhui", 'W', 83},
  { 1015, "Wangmin", 'M', 78}};
void main()
{ struct student *ps;
    void ave(struct student *ps);
      ps=stu;
      ave ( ps ) ;}
      void ave(struct student *ps)
      {   int   c=0, i;
          float ave, s=0;
          for( i=0;i<5;i++, ps++)
          {    s+=ps->score;
               if(ps->score <60) c+=1;}
               printf("s=%f \n", s);
                    ave=s/5;
printf("average=%f\ncount=%d\n", ave,c); }
```

运行结果如图 9-9 所示。

```
s=367.000000
average=73.400002
count=1
Press any key to continue
```

图 9-9 运行结果

课堂练习

查看 3 个学生的信息，包括学号、姓名、性别和成绩。要求调用子函数 display()实现显示功能，用指向结构体的指针作函数参数。请参照运行结果编写程序（见图 9-10）。

```
101     ,Zhang Yu                ,M  ,85.20
1102    ,Wang Hua                ,M  ,90.10
1103    ,Chen Yuanyuan           ,F  ,75.00
Press any key to continue
```

图 9-10 运行结果

任务 9.4 单链表的建立

如果要存储数量比较多的同类型或同结构的数据时，通常会使用数组。用数组存放数据时，必须事先定义固定的长度。如果事先难以确定一个班的人数，则必须把数组定义得足够大，以便能存放任何班级的学生数据，显然这样操作将会浪费很多的存储空间。即使能够确定该班级的学生数，但如果因为某种特殊原因人数有增加时，又需要重新修改程序，扩大数组的存储范围。这时便需要一种存储方式，它存储的元素的个数是不受限制的，可根据需要分配内存单元，这种存储方式便是链表。

1. 动态内存分配和释放

（1）分配内存空间函数 malloc()。

调用形式：

```
(类型说明符*)(size)
```

类型说明符：表示把该区域用于何种类型。

（类型说明符*）：表示把返回值强制转换为类型说明符的指针。

size：是一个无符号整数。

功能：在内存的动态存储区中分配一块长度为“size”字节的连续区域。函数返回值为该区域的首地址。例如：

```
pc=(char*)malloc(100);
/*表示分配 100 字节的内存空间，并强制转换为指向字符数组的指针类型，并且把该指针赋值给指针变量 pc.*/
```

（2）分配内存空间函数 calloc()。

调用形式：

```
(类型说明符*) calloc(n, size)
```

功能：在内存动态存储区中分配 n 块长度为“size”字节的连续区域。函数返回值为该区域的首地址。

(类型说明符*)：表示把返回值强制转换为类型说明符的指针。

Calloc(n, size)：表示在内存动态存储区中分配 n 块长度为“size”字节的连续区域。例如：

```
ps=(struct   stu*) calloc(2, sizeof(struct   stu)) ;
/*sizeof(struct   stu)：是用来求 stu 结构体的长度。整个语句的意思是按照 stu 的长度分配 2 块连续的区域，并且强制转换为指向 stu 类型的指针类型，并把其首地址赋值给指针变量 ps*/
```

（3）释放内存空间函数 free()。

调用形式：

```
free(void*ptr);
```

功能：释放 ptr 所指向的一块内存空间，ptr 是一个任意类型的指针变量，它指向被释放区域的首地址。

【例 9-26】分配一块区域，输入一个学生数据并输出。

```
#include<string.h>
  #include<stdlib.h>
  #include<stdio.h>
  void main()
  {   struct student
      { int num;
        char *name;
        char sex;
        float score;
      }*ps;
ps=(struct student*)malloc(sizeof(struct student));
    if(ps!=NULL)
    { ps->num=102;strcpy(ps->name, "zhangping");
ps->sex='M';ps->score=62.5;
printf("number=%d\nname=%s\n", ps->num, ps->name);
printf("sex= %c\nscore=%f\n", ps->sex, ps->score);
free（ps）;}
}
```

2. 单链表的建立

数组属于静态内存分配，特点是逻辑关系上相邻的两个元素在物理存储位置上也相邻。

优点：可以随机存取表中任一元素，方便快捷。

缺点：在插入或删除某一元素时，需要移动大量元素。

解决问题的思路：利用动态数据结构，它主要利用动态内存分配，使用结构体和指针来实现数据结构。也就是我们在结构体定义中学习的结构体的递归定义。

（1）单链表特点：

结点在存储器中的位置是随意的，即逻辑上相邻的数据元素在物理上不一定相邻。

如何实现？通过指针来实现。

每个结点至少包含两部分：数据域和指针域。

结点：数据元素的存储表示。由数据域和指针域两部分组成。

数据域：存储元素数据。

单链表存放示意图如图 9-11 所示。

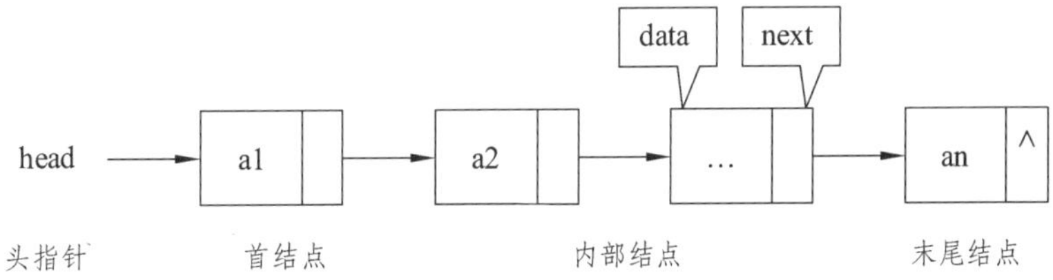

图 9-11　单链表存放示意图

头指针是指向链表中首结点的指针。首结点是指链表中的第一个数据元素 a1 的结点。内部结点是指首元结点之后，末尾结点之前的所有结点。尾结点是指链表的最后一个结点。

例如，类型定义为：

```
typedef struct nodel
{char data;
      struct nodel*next;
}node，*pointer;
```

【例 9-27】用单链表结构来存放 26 个英文字母组成的线性表（a，b，c，…，z），请写出 C 语言程序。实现思路：先开辟头指针，然后陆续为每个结点开辟存储空间并及时赋值，后继结点的地址要提前送给前面的指针。

```
#include<string.h>
#include<stdlib.h>
#include<stdio.h>
typedef struct node
    {char data;
      struct node*next;
    }node;
      node *p，*head;
      int n;

void build()
  { int i;
     head=(node*)malloc(sizeof(node));
     p=head;
     for(i=1;i<26;i++)
     {p->data=i+'a'-1;
  p->next=(node*)malloc(sizeof(node));
  p=p->next;}
  p->data=i+'a'-1;
  p->next=NULL;}

void display()
    {p=head;
      while(p)
     {printf("%c"，p->data);
     p=p->next;}}
 void main()
      {build();
```

```
        Display();
    }
```

链表的创建过程有时并不是一开始就设定好它的大小，而是根据节点的多少，在程序执行过程中从无到有地建立起一个链表的过程，即动态创建每个结点和输入各结点数据，并建立起前后相连的关系，称为动态链表。

动态链表是动态分配存储空间的，即在需要时才开辟一个结点的存储单元。动态分配和释放存储空间可通过调用系统提供的库函数来实现。

任务 9.5 共用体类型

共用体，也称联合体（Union），是一种将不同类型的数据组织在一起共同占用同一段内存的构造数据类型。同样都是将不同类型的数据组织在一起，但它与结构体不同的是，共用体是从同一起始地址开始存放成员的值，即让所有成员共享同一段内存单元。

1. 共用体类型与结构体类型的区别

（1）在“共用体”中，各成员共享一段内存空间，一个共用体变量的长度等于各成员中最长的长度。

（2）共用体变量可被赋予任一成员值，但每次只能赋一种值。

（3）共用体类型的定义和共用体变量的说明：一个共用体类型必须经过定义之后，才能把变量说明为该共用体类型。

（4）共用体类型是一种特殊的构造类型，它的最大特点是所有成员共享同一存储单元。

2. 共用体类型与共用体变量

（1）共用体类型定义的一般形式：

共用体与结构体的类型声明方法相似，只是关键字变为了 union。其一般形式为：

```
union 共用体名
{
    数据类型  成员 1 的名字;
    数据类型  成员 2 的名字;
    数据类型  成员 3 的名字;
    ……
};
```

【例 9-28】共用体应用示例。

结构体类型：

```
struct un
{  int   i;
   double   x;
 } s ;
```

结构体变量存储示意图如图 9-12 所示。

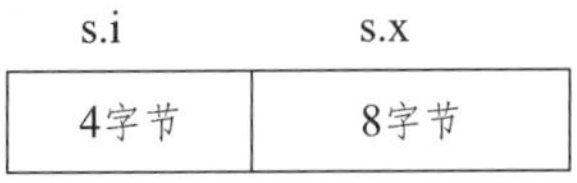

图 9-12　结构体变量存储示意图

共用体类型：

```
union un
{     int   i;
      double   x;
 } s ;
```

共用体变量存储示意图如图 9-13 所示。

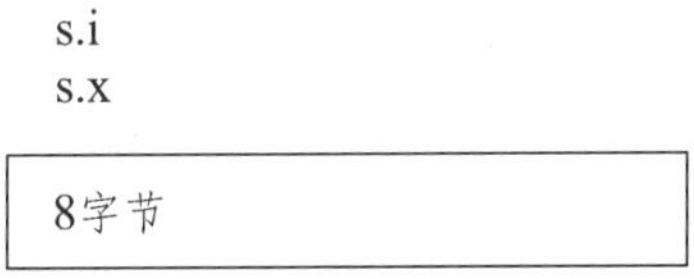

图 9-13　共用体变量存储示意图

结构体与共用体之间的差别主要体现在以下两点：

① 结构体与共用体都是由多个不同的数据类型成员组成，但在任何同一时刻，共用体中只存放了一个被选中的成员，而结构体中，所有成员都存在。

② 对于共用体的不同成员赋值，将会对原有成员值重写，原来成员的值就不存在了，而对于结构的不同成员赋值是互不影响的。

（2）共用体类型变量定义的三种方式：

第一种，先定义共用体类型，再定义共用体类型变量。

```
union   data
  { short   i;
    char   ch;
    float   f;
    };
```

第二种，在定义共用体类型的同时定义共用体类型变量。

```
union   data
  {short   i;
    char   ch;
    float   f;
    }a, b, c;
```

第三种，在定义共用体类型时，省略共用体类型名，同时定义共用体类型变量。

```
union
   {short  i;
    char  ch;
    float  f;
   }a, b, c;
```

（3）共用体变量的引用：

在定义共用体变量之后，就可以引用该共用体变量的某个成员。

共用体变量的引用形式：

```
共用体变量名. 成员项;
```

【例 9-29】例如 a 被定义共用体类型变量后，就可以通过如下的方式引用其成员项。

```
a.ch
a.f
```

注意：一个共用体变量不是同时存放多个成员的值，而只能存放其中的一个值。

【例 9-30】通过指针变量引用共用体变量中的成员。

```
union data*pt, `x;        // 定义共用体变量 x 和指针变量 pt
  pt=&x;                  //x 的首地址赋给 pt
  pt->i=278;              //给 pt 的成员项 i 赋值为 278
  pt->ch='D';             //给 pt 的成员项 ch 赋值为'D'
  pt->f=5.78;             //给 pt 的成员项 f 赋值为 5.78
```

共用体虽然可以有多个成员，但在某一时刻，只能使用其中的一个成员。

共用体一般不单独使用，可以作为结构体的成员，结构体也可以作为共用体的成员。

【例 9-31】共用体变量的应用

```
void main()
    {union    exx                // 定义共用体类型 exx
        int  a;    int  b;       // 定义成员项 a,b
         struct                  // 定义结构体类型的成员项,struct 也有 2 个成员项 c,d
            {  int  c;
            int d;} lpp;}e={10};    //共用体变量 e, 并赋值为 10
            e.b=e.a+20;             // e.a=10, e.b=10+20=30
            e.lpp.c=e.a+e.b;        // e.b=e.a=30, e.lpp.c=30+30=60
            e.lpp.d=e.a*e.b;        // e.b=e.a=60, e.lpp.d=60*60=3600
        printf("%d,%d\n",e.lpp.c,e.lpp.d);
    }
```

3. 枚举类型

枚举类型是由一系列标识符组成的集合，其中，每个标识符代表一个整数值。如果一个变量只有有限几种可能的值，就可以将它定义成枚举类型变量。所谓“枚举”是将变量的值一 一列举出来，变量的值只限于列举值的范围内。

（1）枚举类型的定义和枚举变量的定义：

一般形式：

```
enum 枚举类型名{标识符 1，标识符 2，…，标识符 n}；
```

例如：

```
enum colorname { red，yellow，blue，white，black }；
/*定义了枚举类型 colorname，它的枚举元素依次为 red、yellow、blue、white 和 black*/
enum colorname color；
/*说明变量 color 是枚举类型 enum colorname，它的值只能是 red，yellow，blue，
white 或 black。*/
```

（2）枚举变量的使用：

① 可以将枚举元素赋给枚举变量。例如：

```
enum weekday{sun=7, mon=1, tue, wed, thu, fri, sat}workday; workday=sat;
```

② 可以将一个整数值经过强制类型转换后，赋给枚举变量。例如：

```
workday=(enum    weekday)6；
```

③ 枚举变量不能用输入方式赋值，但可以像整型变量一样参与各种运算。

（3）枚举类型的几点说明：

① enum 是关键字，标识枚举类型，定义枚举类型必须以 enum 开头；

② 在定义枚举类型时花括号中的名字称为枚举元素或枚举常量；

③ 枚举元素不是变量，不能改变其值；

④ 枚举常量可以进行比较；

⑤ 一个枚举变量的值只能是这几个枚举常量之一，可以将枚举常量赋给一个枚举变量，但不能将一个整数赋给它；

⑥ 枚举常量不是字符串。

【例 9-32】枚举类型的应用。

```
#include<stdio.h>
{enum    colorname{red, yellow, blue, white, black}；
   enum colorname    color;
for(color=red; coIor<=black;color=(enum colorname)(color+l))
switch (color)
{ case red:printf("red"); break;
    case yellow:printf("yellow"); break;
    case blue： printf("blue"); break;
    case    white:printf("white"); break;
    case    black： printf("black"); break；
}
}
```

项目考核

一、选择题

1. 如下说明语句，则下面叙述不正确的是（　　）。

```
struct stu {
    int a ; float b ;
} stutype ;
```

A. struct 是结构体类型的关键字

B. struct stu 是用户定义的结构体类型

C. stutype 是用户定义的结构体类型名

D. a 和 b 都是结构体成员名

2. 以下对结构类型变量的定义中不正确的是（　　）。

A.
```
#define STUDENT struct student
STUDENT
{int num; float age;
  }std1;
```

B.
```
struct student
 {int num;
float age;
  }std1;
```

C.
```
struct
{int num;
float age;
  }std1;
```

D.
```
struct
 {int num;
float age;
  }student;
   struct student std1;
```

3. 若有以下说明，能正确引用"Li Ming"的方式是（　　）。

```
struct student
{int name;
    int num;
}stu1[2]={{ "Ma Hong", 18}， {"Li Ming", 17}};
struct stu *p=stu1;
```

A.stu1[1].name　　B.p->name　　C.stu1.name　　D.（*p++）.name

4. 以下程序的运行结果是（　　）。

```
struct st
{int n;
 float x;
}*p;
void main()
{struct st arr[5]
={{10， 5.6}, {12, 7.1}, {14, 6.7}, {16, 6.2}, {18, 6.9}};
p=arr; printf（"%d\n"， ++p->n）;
```

```
p++; printf("%d, %.2f\n", p->n, p->x); }
```

A. 12　　B. 11　　C. 11　　D. 12

12, 7.10　　10, 5.60　　12, 7.10　　14, 6.70

5. 在 16 位 PC 机中，若有定义：

```
struct data { int i ; char ch; double f; } b ;
```

则结构变量 b 占用内存的字节数是（　　）。

A. 1　　B. 2　　C. 8　　D. 11

6. 当定义一个结构体变量时，系统分配给它的内存是（　　）。

A. 各成员所需内存量的总和

B. 结构中第一个成员所需内存量

C. 成员中占内存量最大的容量

D. 结构中最后一个成员所需内存量

7. 设有枚举定义语句：enum t1{a1, a2=7, a3, a4=15}；则枚举常量 a2 和 a3 的值分别为（　　）。

A. 7 和 8　　B. 2 和 3　　C. 7 和 2　　D. 1 和 2

8. 已知学生记录描述为：

```
struct student
{int no ; char name[20]; char sex;
  struct
{int year; int month ; int day ;
     } birth ;
} s ;
```

设结构变量 s 中的“birth”应是“1985 年 10 月 1 日”，则下面正确的赋值方式是(　　)。

A. year=1985
month=10
day=1

B. birth.year=1985
birth.month=10
birth.day=1

C. s.year=1985
s.month=10
s.day=1

D. s.birth.year=1985
s.birth.month=10
s.birth.day=1

9. 下面程序的运行结果是（　　）。

```
Main( )
{ struct complx
{ int x; int y ;
     } cnum[2]={1, 3, 2, 7} ;
   printf(“%d\n”, cnum[0]. y/cnum[0].x*cnum[1].x) ;
}
```

A. 0　　B. 1　　C. 2　　D. 6

10. 以下对结构体变量成员不正确的引用是（　　）。

```
struct pupil
{char name[20]; int age; int sex ;
} pup[5],   *p=pup ;
```

A.scanf（“%s”，pup[0].name）;

B.scanf（“%d”，&pup[0].age）;

C.scanf（“%d”，&（p->sex））;

D.scanf（“%d”，p->age）;

二、填空题

1. 以下程序的运行结果是 ________。

```
struct n{
    int x;
    char c;          };
    main()
struct n a={10, ‘x’};

func(a);
printf(%d, %c, a.x, a.c); }
func(struct n b)
{b.x=20;
b.c='y'; }
```

2. 以下程序的运行结果是 _____ 。

```
main()
{struct EXAMPLE{struct{
int x;
inty;
}in;
int a;
int b;
}e;
e.a=1;e.b=2;
e.in.x=e.a*e.b;
e.in.y=e.a+e.b;
printf(“%d, %d”, e.in.x, e.in.y);   }
```

项目实训

编程实现：

1. 建立一结构体，其中包括学生的姓名、性别、年龄和一门课程的成绩。建立的结构体数组通过输入存放全班（最多 45 人）学生信息，输出考分最高的同学的姓名、性别、年龄和课程的成绩（见图 9-14）。

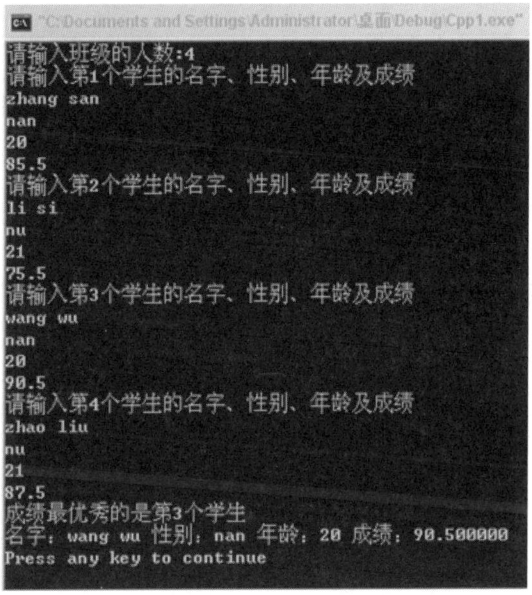

图 9-14　运行结果

2. 请定义枚举类型 score，用枚举元素代表成绩的等级，例如：90 分以上为优（excellent），80～89 分为良（good），60～79 分为中（general），60 分以下为差（fail），通过键盘输入一个学生的成绩，然后输出该生成绩的等级。

项目 10　文件操作

项目导读

如前所述，程序中数据的输入可通过 scanf()、getchar()等函数经由键盘进行读入，但当数据量较大时，用户工作量将会很大，而且每次运行时都需要重复输入工作。此外，程序的运行结果可通过 printf()、putchar()等函数直接输出到屏幕上，但程序每次运行完毕后，程序运行结果就会被“清空”。因此，如果将数据保存在文件中，每次程序运行时对文件进行读取，并且将程序运行结果保存在另一个文件中，这样可大大减轻工作量，也可长期保存数据。

本项目首先介绍了文件的概念，然后介绍了文件的打开、关闭等基本操作，接着重点介绍了文件的读写和定位方式，最后给出了两个实例，让读者进一步掌握文件在程序设计中的应用。

学习目标

- 理解文件及文件类型指针的概念；
- 理解文件操作的顺序；
- 掌握文件打开函数和文件关闭函数的使用方法；
- 掌握文件读写函数和文件定位函数的使用方法；
- 掌握编写简单的文件读写程序的方法。

任务 10.1　文件基本知识

1. 文件的概念

文件有不同的类型，文件的概念在程序设计中主要用到两种文件，一种是程序文件，它包括源程序文件（后缀名为“.c”）、目标文件（后缀名为“.obj”）和可执行文件（后缀名为“.exe”），这种文件的内容是程序代码；另一种文件是数据文件，文件的内容就不是程序，而是供程序运行时读写的数据，例如在程序运行过程当中输出到磁盘或者其他外部设备的数据，或者是在程序运行过程中供读入的数据，比如一批学生的成绩数据、货物交易的数据等，本部分主要学习数据文件。

在以前的各部分中所处理的数据的输入和输出，都是以终端为对象的，也就是从终端的键盘输入数据，运行结果输出到终端显示器上去。实际上常常需要将一些数据输出到磁盘上进行保存。输入、输出的设备有键盘、显示器和磁盘等。为了简化用户对输入、输出设备的操作，使用户不需要去区分各种不同的输入、输出设备，操作系统把各种设备统一作为文件来处理。从操作系统的角度来看，每一个与主机相连的输入、输出设备都是把它们看作一个文件。比如，键盘就是输入文件，显示屏和打印机就是输出文件。

所谓“文件”一般指存储在外部介质上数据的集合。操作系统是以文件为单位对数据进行管理的，如果想找存放在外部介质上的数据，必须先按文件名找到所指定的文件，然后再从该文件中读取数据。要向外部介质上存储数据也必须先建立一个文件（以文件名作为标志），才能向它输出数据。

2. 文件名

一个文件要有一个唯一的文件标识，以便用户识别和引用。文件标识包括 3 部分：

（1）文件路径：文件在外部存储设备中的位置。

（2）文件名主干：是遵循命名规则标识符的命名规则。

（3）文件后缀：用来表示文件的性质。例如：表示 file1.dat 文件存放在 D 盘中的 CC 目录下的 temp 子目录下面。

D：\CC\temp	\ file1 .	dat
文件路径	文件主干名	文件后缀

3. 文件的分类（见图 10-1）

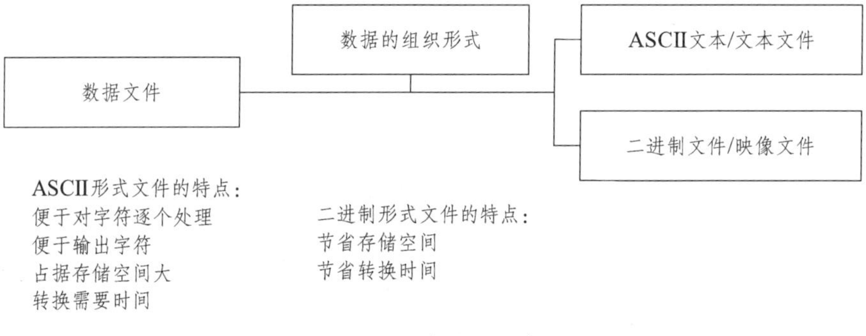

图 10-1　文件的分类

4. 缓冲文件系统

缓冲文件系统：系统自动地在内存区为程序中每一个正在使用的文件开辟一个文件缓冲区。

5. 文件类型指针

例如，有一种 C 编译环境提供的 stdio. h 头文件中有以下的文件类型声明：

```
typedef  struct
 { short  level ;                          //缓冲区“满”或“空”的程度
```

```
unsigned    flags ;                              //文件状态标志
 char fd;                                        //文件描述符
 unsigned    char hold;                          //如缓冲区无内容不读取字符
 short bsize ;                                   //缓冲区的大小
  unsigned    char *buffer    ;                  //数据缓冲区的位置
  unsigned    char *curp    ;                    //文件位置标记指针当前的指向
  unsigned    istemp;                            //临时文件指示器
  short token ;                                  //用于有效性检查
  }FILE;
```

任务 10.2 文件的打开与关闭

1. 文件的打开与关闭

（1）打开文件：为文件建立相应的信息区和文件缓冲区。

信息区：用来存放有关文件的信息。

缓冲区：用来暂时存放输入/输出的数据。

（2）读写文件。

（3）关闭文件：撤销文件信息区和文件缓冲区。

2. 用 fopen 函数打开数据文件

```
fopen（文件名，使用文件方式）;
```

例如：

```
FILE*fp;
      fp=fopen("a1", "r" ) ;
      //"a1": 表示要打开文件的名字为 a1
      //"r":read, 就是使用文件方式为"读入"
      // 函数返回值: 指向文件的指针变量
```

完整的写法：定义一个指向文件的指针变量 fp，将 fopen 函数的返回值赋给指针变量 fp，然后再用 fopen 函数去打开文件，并将返回值赋给指针变量 fp，这样 fp 就和文件 a1 相联系起来了，即 fp 指向了 a1 文件。

在打开一个文件时，要通知编译系统 3 个信息：

（1）需要打开的文件的名字，即准备访问的文件名字。

（2）使用文件的方式——读/写。

（3）让指针变量指向打开的文件。

3. 文件的打开使用方式

使用文件的方式如表 10-1 所示，共有 12 种。

表 10-1　文件使用方式

文件使用方式	含义	如果指定的文件不存在
"r"（只读）	为了输入数据，打开一个已存在的文本文件	出错
"w"（只写）	为了输出数据，打开一个文本文件	建立新文件
"a"（追加）	向文本文件尾添加数据	出错
"rb"（只读）	为了输入数据，打开一个二进制文件	出错
"wb"（只写）	为了输出数据，打开一个二进制文件	建立新文件
"ab"（追加）	向二进制文本文件尾添加数据	出错
"r+"（读写）	为了读和写，打开一个文本文件	出错
"w+"（读写）	为了读和写，建立一个新的文本文件	建立新文件
"a+"（读写）	为了读和写，打开一个文本文件	出错
"rb+"（读写）	为了读和写，打开一个二进制文件	出错
"wb+"（读写）	为了读和写，建立一个新的二进制文件	建立新文件
"ab+"（读写）	为读写打开一个二进制文件	出错

C 标准建议用表 10-1 中这 12 种文件使用方式来打开文本文件或二进制文件，但目前有些 C 编译系统，可能不能完全提供所有的这些功能，使用时需要注意系统的具体的规定。12 种文件使用方式，其中有 6 种是在第一个字母后面加了字母“b”，这里的“b”表示的就是二进制方式。输出数据形式由读写语句来决定：fscanf 和 fprintf 按 ASCII 方式输入/输出；fread 和 fwrite 按二进制方式输入/输出。

程序中可以使用 3 个标准的流文件，包括标准输入流、标准输出流和准备出错输出流。系统已经为这 3 个流文件指定了与终端的对应关系，标准输入流是从终端的输入，标准输出流是向终端的输出，标准出错输出流是当程序出错时将出错信息发送到终端。程序开始运行的时候系统自动打开这 3 个标准流文件，因此就不需要在程序中用 fopen 函数去打开它们了。

4. 用 fclose 函数关闭数据文件

在使用完一个文件后应该关闭它，以防止它再被误用，关闭就是撤销文件信息区和文件缓冲区，使文件指针变量不再指向这个文件，也就是使文件指针变量与文件之间脱钩，此后不能再通过该指针对原来与其相关的文件进行读写操作，除非再次打开它，使这个指针变量重新去指向这个文件。关闭文件使用的就是 fclose 函数。其一般形式为：

```
fclose(文件指针)；/*如:fclose(fp); —— 就是要关闭 fp 指向的文件关闭*/
```

如果不关闭文件就结束程序运行将会丢失数据。有的编译系统会自动将缓冲区的数据写到文件，从而避免这个问题。但还是应该养成在程序终止之前关闭所有文件的良好习惯。fclose 函数也有返回值，当成功地执行了关闭操作之后就会返回 0，否则返回 EOF(-1)。

任务 10.3　文件的顺序读写

文件打开之后就可以对其进行读写，顺序读写就是对文件读写数据的顺序和数据在文件中的物理顺序是一致的，顺序读写就需要用库函数实现。

1. 向文件读写一个字符的函数（见表 10-2）

表 10-2　向文件读写一个字符的函数

函数名	调用形式	功能	返回值
fgetc	fgetc(fp)	从 fp 指向的文件读入一个字符	读成功，带回所读的字符，失败则返回文件结束标志 EOF（即-1）
fputc	fputc(ch, fp)	把字符 ch 写到文件指针变量 fp 所指向的文件中	输出成功，返回值就是输出的字符；输出失败，则返回 EOF（即-1）

【例 10-1】从键盘输入一些字符，并逐个把它们送到磁盘上去，直到用户输入一个“#”为止。（用 getchar 函数接收从键盘逐个输入的字符，用 fputc 函数逐个字符写入磁盘文件）

```
#include<stdio.h>
#include<stdlib.h>
 int main()
{   FILE*fp;                              // 定义文件指针变量 fp
    char   ch,filename[10];
    printf("请输入所用的文件名:");
    scanf("%s", filename);                //输入相应的文件名
    getchar();                            //消化最后输入的回车符
    if((fp=fopen(filename,"w"))==NULL)    // 打开输出文件并使 fp 指向这个文件
  {printf("cannot   open   file\n");     //如果打开出错就输出“打不开”
            exit(0);                      //终止程序
   }
```

如果文件执行是正确的,就执行下面的语句：

```
printf("请入一个准备存储到磁盘的字符串(以#结束):");
ch=getchar();                        //接收从键盘输入的第一个字符
while(ch!='#')                       //判断 ch 的值是否为#,输入#时结束循环
{ fputc(ch, fp);                     //向磁盘文件输出一个字符
    putchar(ch);                     //将输出的字符显示在屏幕上
    ch=getchar();                    //再接收从键盘输入的一个字符
  }
  fclose(fp);                        // 关闭文件
  putchar(10);                       //向屏幕输出一个换行符
   return   0 ;
}
```

【例 10-2】将一个磁盘文件中的信息复制到另一个磁盘文件中。现要求将例 10-1 建立的 file1.dat 文件中的内容复制到另一个磁盘文件 file2.dat 中。

本程序采用：从 file1.dat 文件中逐个读入字符（fgetc 函数），再逐个字符输出到 file2.dat 文件中（fputc 函数）。

```
#include<stdio.h>
#include<stdlib.h>
 int main()
{   FILE*in,*out;                        // 定义指向 file 类型文件指针变量 in 和 out
    char   ch,infile[10],outfile[10];    //定义两个字符数组,分别存放两个数据文件名
    printf("请输入读入文件名:");
    scanf("%s",infile);                  //输入读入文件名
    printf("请输入输出文件名:");
    scanf("%s", outfile);                //输入输出文件名
    if((in=fopen(infile, "r"))==NULL )   //打开输出文件并使 in 指向这个文件
            {printf("cannot   open   file\n");     //如果打开出错就输出“打不开”
             exit(0);   }                         //终止程序
```

如果文件执行是正确的，就执行下面的语句：

```
if((in=fopen(outfile, "w"))==NULL )     // 打开输出文件并使 iout 指向这个文件
         {printf("cannot   open   file\n");   //如果打开出错就输出“打不开”
          exit(0); }                 //终止程序
ch=fgetc(in);                        //从输入文件读入一个字符,赋给变量 ch
while(!feof(in))                     //如果未遇到输入文件的结束标志,就执行循环
{ fputc(ch,out);                     //将 ch 写到输出文件
    putchar(ch);                     //将 ch 显示在屏幕上
    ch=fgetc(in);     }              //再从输入文件读入一个字符,赋给变量 ch
  putchar(10);                       //向屏幕输出一个换行符
  fclose(in);                        // 关闭输入文件
  fclose(out);                       // 关闭输出文件
 return   0 ;
}
```

说明：

（1）在访问磁盘文件时，是逐个字符（字节）进行的，为了知道当前访问到第几个字节，系统用“文件读写位置标记”来表示当前所访问的位置。

（2）开始时文件读写位置标记是指向第一个字节的，每访问完一个字节后，当前的读写位置就会指向下一个字节，也就是当前的读写位置会自动向下移动。

（3）为了知道对文件的读写是否完成，只需要看文件读写位置，是否移动到了文件的末尾。在文件的所有有效字符后，都有一个文件尾标志，文件尾标志用标识符 EOF 来表示的，EOF 在 stdio.h 头文件中被定义为-1。

（4）用 feof 函数检测是否读到文件尾，是则返回值 1，否则返回值 0。

（5）如果程序中改用 While（ch!=EOF）来判断是否到达文件尾也是可以的，程序的运行结果同样可以在 Windows 资源管理器中用记事本来打开这两个文件查看。

（6）这个程序是按照文本文件方式进行处理的，也可以用此程序来复制一个二进制的文件，只需要将两个 fopen 函数中的 r 改成 rb，w 改成 wb 即可。

（7）C 系统已经在 stdio.h 这个头文件当中把 fputc 和 fgetc 这两个函数定义为宏名 putc 和 getc，因此，在程序当中使用 fputc 和 putc 是一样的，fgetc 和 getc 的作用也是一样的。

```
stdio.h
#define        putc(ch, fp)        fputc(ch, fp)
#define        getc(fp)            fgetc(fp)
```

2. 向文件读写一个字符串（见表 10-3）

表 10-3　读写一个字符串的函数

函数名	调用形式	功能	返回值
fgets	fgets(str,n,fp)	从 fp 指向的文件读入一个长度为 n-1 的字符串，存放到字符数组 str 中	读成功，则返回地址 str，失败则返回 NULL
fputs	fputs(str,fp)	把 str 所指向的字符串写到文件指针变量 fp 所指向的文件中	输出成功，则返回 0；否则返回非 0 值

fgets 函数的函数原型为：

```
char*fgets(char*str, int    n, FILE*fp);       /*从文件读入一个字符串*/
```

调用时可以写成：

```
fgets(str, n, fp);
```

Str 表示字符数组。n 就是要求得到的字符的个数，实际上只从 fp 所指向的文件当中读入 n-1 个字符，然后在最后去加上一个在\0 字符，这样得到的字符串共有 n 个字符。

fputs 函数的函数原型为：

```
int*fputs(char*str, FILE*fp); /*将 str 所指向的字符串输出到 fp 所指向的文件当中*/
```

调用时可以写成：

```
   fputs("China", fp);
```

fgets 和 fputs：以文件为读写对象 ——类似于——→ gets 和 puts：以终端为读写对象

【例 10-3】从键盘读入若干个字符串，对它们按字母大小的顺序排序，然后把排好序的字符串送到磁盘文件中保存。程序通过 3 个步骤完成：

（1）键盘读入 n 个字符串：

CHINA
CANADA
INDIA

（2）符串排序。

（3）输出：

```
#include<stdio.h>
#include<stdlib.h>
#include<string.h>
 int main（ ）
{   FILE*fp;                     // 定义指向 file 类型文件指针变量 fp
   char   str[3][10], temp[10]; // str 是用来存放字符串的二维数组，temp 是临时数组
      int i,j,k,n=3;
      printf("Enter strings:\n");             //提示输入字符串
      for(i=0;i<n;i++)
            gets(str[i]);                     //输入字符串
       for(i=0;i<n-1;i++)                     //用选择法对字符串排序
       {          k=i;
            for(j=i+1; j<n; j++)
             if((strcmp(str[k], str[j])>0)k=j;
            if(k!=i) {strcpy(temp, str[i]); strcpy(str[i], str[k]);   strcpy(str[k], temp); }}
```

```
if((fp=fopen("D:\\CC\\string.dat", "w"))==NULL   )       // 打开磁盘文件
    /*'\'为转义字符的标志,因此在字符串中要表示 '\'用 '\\'*/
   {printf("cannot   open   file!\n");              //如果打开出错就输出"打不开"
    exit(0);                                         //终止程序
   }
   printf("\n The new sequence:\n");
    for (i=0;i<n;i++)
   { fputs(str[i],fp); fputs("\n", fp);   //向磁盘文件写一个字符串，然后输出一个换行符。
      printf("%s\n",str[i]);              //在屏幕上显示
      }
   return   0 ;
}
```

可以编写如下的程序从 string. dat 中读回字符串，并显示在屏幕上。

```
#include<stdio.h>
#include<stdlib.h>
 int main()
{   FILE*fp;                // 定义指向 file 类型文件指针变量 fp
      char   str[3][10];     // str 是用来存放字符串的二维数组, temp 是临时数组
      int i=0;
       if((fp=fopen("D:\\CC\\string.dat","r"))==NULL   )    // 打开磁盘文件
      /*'\'为转义字符的标志,因此在字符串中要表示 '\'用 '\\'*/
```

```
            {printf("cannot  open  file!\n");        //如果打开出错就输出"打不开"
             exit(0);                                 //终止程序
    }
  while(fgets(str[i], 10, fp)!=NULL )
    {    printf("%s", str[i]);
             i++;}
      fclose(fp);
    return 0;
}
```

在打开文件的时候需要注意指定的文件路径和文件名，必须和写入时所指定的保持一致。

3. 用格式化的方式读写文本文件（见表 10-4）

表 10-4 用格式化的方式读写文本文件的函数

函数名	读写对象	作　用
fprintf、fscanf	文件	作用相似，格式化读写函数
printf、scanf	终端	

（1）格式化的方式输出文本文件函数：

```
fprintf(文件指针, 格式字符串, 输出表列);
```

例如：fprintf(fp, "%d, %6.2f", i, f); 将 int 型变量 i 和 float 型变量 f 的值按%d 和%6.2f 的格式输出到 fp 指向的文件中。

（2）格式化的方式读入文本文件函数：

```
fscanf(文件指针, 格式字符串, 输出表列);
```

例如：fscanf(fp, "%d, %f", &I, &f); 磁盘文件上如果有字符" 3，4.5"，则从中读取整数 3 送给整型变量 i。读取实数 4.5 送给 float 型变量 f。

（3）fprintf 函数和 fscanf 函数的优缺点：

优点：对磁盘文件读写方便，容易理解。

缺点：输入时，需要将 ASCII 码转换成二进制形式；输出时，需要将二进制形式转换为 ASCII 码。

注：在内存与磁盘频繁交换数据的情况下，最好不用 fprintf 函数和 fscanf 函数，可以使用 fread 和 fwrite 函数来进行二进制读写。

4. 用二进制方式向文件读写一组数据

fread 函数：从文件中读取一个数据块。

fwrite 函数：向文件写入一个数据块。

例如：

```
fread(buffer, size, count, fp);
```

buffer：一个地址，用来存放从文件读入的数据的存储区的地址。

size：要读写的字节数。

count：要读写多少个数据项。

fp：file 类型指针。

例如：

```
fwrite(buffer, size, count, fp);
```

把从此地址开始的存储区中的数据向文件输出。

在打开文件时指定用二进制文件，这样就可以用 fread 和 fwrite 函数读写任何类型的信息。

例如：

```
float f [10];
```

先定义一个包含 10 个元素的 float 类型的数组 f，然后用“fread（f，4，10，fp）;”从 fp 所指向的文件读入 10 个 4 字节的数据存储到数组 f 中。

fread 和 fwrite 返回值为 int 类型，执行成功返回形参 count 的值（一个整数），即输入/输出数据项的个数。

注意区分文本文件和二进制文件在以下几个方面的不同：

（1）数据的存储方式：

文本方式：数据以字符方式（ASCII 代码）存储到文件中。

二进制方式：数据按在内存的存储状态原封不动地复制到文件。

（2）文件的分类：

文本文件（ASCII 文件）：文件中全部为 ASCII 字符。

二进制文件：按二进制方式把在内存中的数据复制到文件的，称为二进制文件，即映像文件。

（3）文件的打开方式：

文本方式：不带 b 的方式，读写文件时对换行符进行转换。

二进制方式：带 b 的方式，读写文件时对换行符不进行转换。

（4）文件读写函数：

文本读写函数：用来向文本文件读写字符数据的函数（如 fgetc、fgets、fputc、fputs、fscanf、fpr1ntf 等）。

二进制读写函数：用来向二进制文件读写二进制数据的函数（如 getw、putw、fread、fwrite 等）。

任务 10.4 文件的随机读写

对文件进行顺序读写比较容易理解，也容易操作，但有时效率不高。而随机访问不是按数据在文件中的物理位置次序进行读写，而是可以对任何位置上的数据进行访问，显然这种方法比顺序访问的效率高得多。

1. 文件位置标记及其定位

（1）文件位置标记：

为了对读写进行控制，系统为每个文件设置了一个文件读写位置标记（简称文件位置标记或文件标记），用来指示“接下来要读写的下一个字符的位置”。在对字符文件进行顺序读写时，文件位置标记指向文件开头，这时如果对文件进行读/写的操作，就读/写完第 1 个字符后，文件位置标记顺序向后移一个位置，在下一次执行读/写操作时，就将位置标记指向的第 2 个字符进行读出或写入。以此类推，直到遇文件尾，此时文件位置标记在最后一个数据之后。

对流式文件既可以进行顺序读写，也可以进行随机读写。关键在于控制文件的位置标记。如果文件位置标记是按字节位置顺序移动的，就是顺序读写。如果能将文件位置标记按需要移动到任意位置，就可以实现随机读写。

所谓随机读写，是指读写完上一个字符（字节）后，并不一定要读写其后续的字符（字节），而可以读写文件中任意位置上所需要的字或者是（字节）。即文件读写数据的顺序和数据在文件中的物理顺序一般是不一致的。可以在任何位置写入数据，在任何位置读取数据。

（2）文件位置标记的定位：

可以强制使文件位置标记指向人们指定的位置。

① 用 rewind 函数使文件位置标记指向文件开头：

一般形式：

```
rewind(文件指针);
```

rewind 函数的作用是使文件位置标记重新返回文件的开头，此函数没有返回值。

【例 10-4】有一个磁盘文件，内有一些信息。要求第 1 次将它的内容显示在屏幕上，第 2 次把它复制到另一文件上。

```
#include<stdio.h>
int main()
{   FILE*fp1,*fp2;                    // 定义指向 file 类型文件指针变量
    char   ch;
    fp1=fopen("file1.dat", "r");      //打开输入文件
    fp2=fopen("file2.dat", "w");      //打开输出文件
        ch=getc(fp1);                 //从 file1.dat 文件读入第一个字符
    while(!feof(fp1))                 //当未读取文件尾标志
    {       putchar(ch);              //在屏幕输出一个字符
            ch=getc(fp1);             //再从 file1.dat 文件读入一个字符
    }
      putchar(10);                    //在屏幕执行换行
```

```
    putchar(10);                      //在屏幕执行换行
    rewind(fp1);                      //使文件位置标记返回文件开头
    ch=getc(fp1);                     //从 file1.dat 文件读入第一个字符
    while(!feof(fp1))                 //当未读取文件尾标志
      {      fputc(ch,fp2);           //向 file2.dat 文件输出一个字符
```

```
            ch=getc(fp1);            //再从 file1.dat 文件读入一个字符
        }
    fclose(fp1);
    fclose(fp2);
    return  0 ;
  }
```

rewind 函数的作用：使文件 file1 的文件位置标记重新定位于文件开头，同时 feof 函数的值会恢复为 0（假）。

② 用 fseek 函数改变文件位置标记：

fseek 函数的调用形式为：

```
fseek(文件类型指针, 位移量, 起始点);
```

起始点：用 0、1 或 2 代替，0 代表“文件开始位置”；1 代表“当前位置”；2 代表“文件末尾位置”。“位移量”：指以“起始点”为基点，向前移动的字节数（长整型）位移量应是 long 型数据。fseek 函数一般用于二进制文件。例如：

```
fseek(fp, 100L, 0);        //将文件位置标记向前移到离文件开头 100 字节处
fseek(fp.50L.1);           //将文件位置标记向前移到离当前位置 50 字节处
fseek(fp, -10L.2);         //将文件位置标记从文件末尾处向后退 10 字节
```

③ 用 ftell 函数测定文件位置标记的当前位置：

ftell 函数的作用是得到流式文件中文件位置标记的当前位置，用相对于文件开头的位移量来表示。如果调用函数时出错（如不存在 fp 指向的文件），ftell 函数返回值为-1L。例如：

```
i=ftell(fp);                             //用变量 i 存放文件当前位置
if(i==-1L)      printf("error\n");  //如果调用函数时出错，输出 "error"
```

（3）文件读写出错的检测：

① ferror 函数。

在调用各种输入/输出函数（如 putc、getc、fread、fwrite 等）时，如果出现错误，除了函数返回值有所反映外，还可以用 ferror 函数检查。例如：

```
Ferror(fp);    /* 如果 ferror 返回值为 0（假），表示未出错；如果返回一个非零值，
表示出错。*/
```

注意：对同一个文件每一次调用输入/输出函数，都会产生一个新的 ferror 函数值，因此，应当在调用一个输入/输出函数后立即检查 ferror 函数的值，否则信息会丢失。

② c1earerr 函数。

clearerr 的作用是使文件出错标志和文件结束标志置为 0。

假设在调用一个输入、输出函数时出现错误，ferror 函数值为一个非零值。应该立即调用 clearerr(fp)，使 ferror(fp)的值变成 0，以便再进行下一次的检测。

只要出现文件读写出错标志，它就一直保留，直到对同一文件调用 clearerr 函数或 rewind 函数或任何其他一个输入/输出函数。

项目考核

一、选择题

1. 系统的标准数入文件是指（　　）。

A. 键盘　　B. 显示器　　C. 软盘　　D. 硬盘

2. 若执行 fopen 函数时发生错误，则函数的返回值是（　　）。

A. 地址值　　B. 0　　C. 1　　D. EOF

3. 若要用 fopen 函数打开一个新的二进制文件，该文件要既能读也能写，则文件方式字符串应是（　　）。

A. "ab+"　　B. "wb+"　　C. "rb+"　　D. "ab"

4. fscanf 函数的正确调用形式是（　　）。

A. fscanf(fp, 格式字符串, 输出表列);

B. fscanf(格式字符串, 输出表列, fp);

C. fscanf(格式字符串, 文件指针, 输出表列);

D. fscanf(文件指针, 格式字符串, 输入表列);

5. fgetc 函数的作用是从指定文件读入一个字符，该文件的打开方式必须是（　　）。

A. 只写　　B. 追加　　C. 读或读写　　D. 答案 b 和 c 都正确

6. 若要打开 A 盘上 user 子目录下名为 abc.txt 的文本文件进行读、写操作，下面符合此要求的函数调用是（　　）。

A. fopen("A:\user\abc.txt", "r")

B. fopen("A:\\user\\abc.txt", "r+")

C. fopen("A:\user\abc.txt", "rb")

C. fopen("A:\\user\\abc.txt", "w")

7. 若 fp 已正确定义并指向某个文件，当未遇到该文件结束标志时函数 feof(fp)的值为（　　）。

A. 0　　B. 1　　C. －1　　D. 一个非 0 值

8. 当已经存在一个 file1.txt 文件，执行函数 fopen(“file1.txt”, “r+”)的功能是（　　）。

A. 打开 file1.txt 文件，清除原有的内容

B. 打开 file1.txt 文件，只能写入新的内容

C. 打开 file1.txt 文件，只能读取原有内容

D. 打开 file1.txt 文件，可以读取和写入新的内容

9. fread（buf, 64, 2, fp）的功能是（　　）。

A. 从 fp 所指向的文件中，读出整数 64，并存放在 buf 中

B. 从 fp 所指向的文件中，读出整数 64 和 2，并存放在 buf 中

C. 从 fp 所指向的文件中，读出 64 字节的字符，读两次，并存放在 buf 地址中

D. 从 fp 所指向的文件中，读出 64 字节的字符，并存放在 buf 中

10. 以下程序的功能是（　　）。

```
main()
{
 FILE  * fp;
 char  str[]= "Beijing  2008";
  fp = fopen("file2", "w");
  fputs(str, fp);
  fclose(fp);
}
```

A. 在屏幕上显示“Beiing　2008”

B. 把”Beijing　2008”存入 file2 文件中

C. 在打印机上打印出“Beiing　2008”

D. 以上都不对

二、填空题

1. 文件是指________________________________。

2. 根据数据的组织形式，C 中将文件分为_____________和 ____________两种类型。

3. 现要求以读写方式，打开一个文本文件 stu1 ，写出语句：_______________ ____。

4. 现要求将上题中打开的文件关闭掉，写出语句：_____________________。

5. 若要用 fopen 函数打开一个新的二进制文件，该文件要既能读也能写，则打开文件方式字符串应该是______________________________。

项目实训

1. 在磁盘文件上存有 10 个学生的数据。要求将第 1、3、5、7、9 个学生数据输入计算机，并在屏幕上显示出来。

2. 从键盘输入一个字符串，将其中的小写字母全部转换成大写字母，然后输出到一个磁盘文件“test”中保存，输入的字符串以!表示结束。

附 录

附录 A　关键字

C 语言中规定具有特别意义的字符串称为关键字，又称保留字。C 语言的关键字共有 37 个，如附表 A-1 所示。

附表 A-1　关键字

Char	double	enum	float	int	long
short	signed	struct	union	unsigned	void
for	do	while	break	continue	if
else	goto	switch	case	default	return
auto	extern	register	static	const	sizeof
typedef	volatile	inline	restrict	_Bool	_Complex
_Imaginary					

附录 B　C 语言运算符优先级和结合性

附表 B-1　C 语言运算符优先级和结合性

优先级	运算符	名称或含义	使用形式	结合方向	说明
1	[]	数组下标	数组名[常量表达式]	左到右	
	( )	圆括号	（表达式）/函数名（形参表）		
	.	成员选择（对象）	对象.成员名		
	->	成员选择（指针）	对象指针->成员名		
2	-	负号运算符	-表达式	右到左	单目运算符
	（类型）	强制类型转换	（数据类型）表达式		
	++	自增运算符	++变量名/变量名++		单目运算符
	--	自减运算符	--变量名/变量名--		单目运算符
	*	取值运算符	*指针变量		单目运算符
	&	取地址运算符	&变量名		单目运算符
	!	逻辑非运算符	!表达式		单目运算符
	~	按位取反运算符	~表达式		单目运算符
	sizeof	长度运算符	sizeof（表达式）		
3	/	除	表达式/表达式	左到右	双目运算符
	*	乘	表达式*表达式		双目运算符
	%	余数（取模）	整型表达式/整型表达式		双目运算符
4	+	加	表达式+表达式	左到右	双目运算符
	-	减	表达式-表达式		双目运算符
5	<<	左移	变量<<表达式	左到右	双目运算符
	>>	右移	变量>>表达式		双目运算符
6	>	大于	表达式>表达式	左到右	双目运算符
	>=	大于等于	表达式>=表达式		双目运算符
	<	小于	表达式<表达式		双目运算符
	<=	小于等于	表达式<=表达式		双目运算符
7	==	等于	表达式==表达式	左到右	双目运算符
	!=	不等于	表达式!= 表达式		双目运算符
8	&	按位与	表达式&表达式	左到右	双目运算符
9	^	按位异或	表达式^表达式	左到右	双目运算符
10	|	按位或	表达式|表达式	左到右	双目运算符
11	&&	逻辑与	表达式&&表达式	左到右	双目运算符
12	||	逻辑或	表达式||表达式	左到右	双目运算符

续附表

优先级	运算符	名称或含义	使用形式	结合方向	说明
13	?:	条件运算符	表达式 1? 表达式 2: 表达式 3	右到左	三目运算符
14	=	赋值运算符	变量=表达式	右到左	
	/=	除后赋值	变量/=表达式		
	*=	乘后赋值	变量*=表达式		
	%=	取模后赋值	变量%=表达式		
	+=	加后赋值	变量+=表达式		
	-=	减后赋值	变量-=表达式		
	<<=	左移后赋值	变量<<=表达式		
	>>=	右移后赋值	变量>>=表达式		
	&=	按位与后赋值	变量&=表达式		
	^=	按位异或后赋值	变量^=表达式		
	|=	按位或后赋值	变量|=表达式		
15	,	逗号运算符	表达式，表达式，…	左到右	从左向右顺序运算

说明：

① 表中运算符优先级的序号越小，表示优先级别越高。

② 结合性表示相同优先级的运算符在运算过程中应当遵循的次序。

附录 C　ASCII 码

附表 C-1　ASCII 码

ASCII 值	控制字符	ASCII 值	控制字符	ASCII 值	控制字符	ASCII 值	控制字符
0	NUT	32	(space)	64	@	96	、
1	SOH	33	!	65	A	97	a
2	STX	34	”	66	B	98	b
3	ETX	35	#	67	C	99	c
4	EOT	36	$	68	D	100	d
5	ENQ	37	%	69	E	101	e
6	ACK	38	&	70	F	102	f
7	BEL	39	,	71	G	103	g
8	BS	40	(	72	H	104	h
9	HT	41	)	73	I	105	i
10	LF	42	*	74	J	106	j
11	VT	43	+	75	K	107	k
12	FF	44	,	76	L	108	l
13	CR	45	-	77	M	109	m
14	SO	46	.	78	N	110	n
15	SI	47	/	79	O	111	o
16	DLE	48	0	80	P	112	p
17	DCI	49	1	81	Q	113	q
18	DC2	50	2	82	R	114	r
19	DC3	51	3	83	X	115	s
20	DC4	52	4	84	T	116	t
21	NAK	53	5	85	U	117	u
22	SYN	54	6	86	V	118	v
23	TB	55	7	87	W	119	w
24	CAN	56	8	88	X	120	x
25	EM	57	9	89	Y	121	y
26	SUB	58	:	90	Z	122	z
27	ESC	59	;	91	[	123	{
28	FS	60	<	92	/	124	|
29	GS	61	=	93	]	125	}
30	RS	62	>	94	^	126	~

附录 D　C 语言常用的库函数

库函数并不是 C 语言的一部分，它是由编译系统根据一般用户的需要编制并提供给用户使用的一组程序。每一种 C 编译系统都提供了一批库函数，不同的编译系统所提供的库函数的数目和函数名以及函数功能是不完全相同的。ANSI C 标准提出了一批建议提供的标准库函数。它包括目前多数 C 编译系统所提供的库函数，但也有一些是某些 C 编译系统未曾实现的。考虑到通用性，本附录列出 ANSI C 建议的常用库函数。

由于 C 库函数的种类和数目很多，例如还有屏幕和图形函数、时间日期函数、与系统有关的函数等，每一类函数又包括各种功能的函数，限于篇幅，本附录不能全部介绍，只从教学需要的角度列出最基本的。读者在编写 C 程序时可根据需要，查阅有关系统的函数使用手册。

1. 数学函数

使用数学函数时，应该在源文件中使用预编译命令：

#include <math.h>或#include "math.h"

附表 D-1　C 数学函数

函数名	函数原型	功能	返回值
acos	double acos(double x);	计算 arccos x 的值，其中 -1<=x<=1	计算结果
asin	double asin(double x);	计算 arcsin x 的值，其中 -1<=x<=1	计算结果
atan	double atan(double x);	计算 arctan x 的值	计算结果
atan2	double atan2(double x, double y);	计算 arctan x/y 的值	计算结果
cos	double cos(double x);	计算 cos x 的值，其中 x 的单位为弧度	计算结果
cosh	double cosh(double x);	计算 x 的双曲余弦 cosh x 的值	计算结果
exp	double exp(double x);	求 e^x 的值	计算结果
fabs	double fabs(double x);	求实型 x 的绝对值	计算结果
floor	double floor(double x);	求出不大于 x 的最大整数	该整数的双精度实数
fmod	double fmod(double x, double y);	求整除 x/y 的余数，%只适用于整型数据	返回余数的双精度实数
frexp	double frexp(double val, int *eptr);	把双精度数 val 分解成数字部分（尾数）和以 2 为底的指数，即 $val=x*2^n$，n 存放在 eptr 指向的变量中	数字部分 x 0.5<=x<1
log	double log(double x);	求 lnx 的值	计算结果
log10	double log10(double x);	求 $\log_{10}x$ 的值	计算结果
modf	double modf(double val, int *iptr);	把双精度数 val 分解成数字部分和小数部分，把整数部分存放在 ptr 指向的变量中	val 的小数部分

续附表

函数名	函数原型	功能	返回值
Pow	double pow(double x, double y);	求 x^y 的值	计算结果
sin	double sin(double x);	求 sin x 的值，其中 x 的单位为弧度	计算结果
sinh	double sinh(double x);	计算 x 的双曲正弦函数 sinh x 的值	计算结果
sqrt	double sqrt (double x);	计算 $\sqrt{x}$，其中 x≥0	计算结果
tan	double tan(double x);	计算 tan x 的值，其中 x 的单位为弧度	计算结果
tanh	double tanh(double x);	计算 x 的双曲正切函数 tanh x 的值	计算结果
log10	double log10 (double);	计算以 10 为底的对数	计算结果
log	double log (double);	以 e 为底的对数	
sqrt	double sqrt (double);	开平方	
cabs	double cabs(struct complex znum);	求复数的绝对值	
ceil	double ceil (double);	取上整，返回不比 x 小的最小整数	
floor	double floor (double);	取下整，返回不比 x 大的最大整数，即高斯函数[x]	

2. 字符函数

在使用字符函数时，应该在源文件中使用预编译命令：

#include <ctype.h>或#include "ctype.h"

附表 D-2　字符函数

函数名	函数原型	功能	返回值
isalnum	int isalnum(int ch);	检查 ch 是否字母或数字	是字母或数字返回 1，否则返回 0
isalpha	int isalpha(int ch);	检查 ch 是否字母	是字母返回 1，否则返回 0
iscntrl	int iscntrl(int ch);	检查 ch 是否控制字符（其 ASCII 码在 0 和 0xlF 之间，数值为 0～31）	是控制字符返回 1，否则返回 0
isdigit	int isdigit(int ch);	检查 ch 是否数字（0～9）	是数字返回 1，否则返回 0
isgraph	int isgraph(int ch);	检查 ch 是否是可打印（显示）字符（0x21 和 0x7e 之间），不包括空格	是可打印字符返回非 0，否则返回 0
islower	int islower(int ch);	检查 ch 是否是小写字母（a～z）	是小字母返回非 0，否则返回 0
isprint	int isprint(int ch);	检查 ch 是否是可打印字符(其 ASCII 码在 0x21 和 0x7e 之间)，包括空格	是可打印字符返回 1，否则返回 0
ispunct	int ispunct(int ch);	检查 ch 是否是标点字符（不包括空格）即除字母、数字和空格以外的所有可打印字符	是标点返回 1，否则返回 0

续附表

函数名	函数原型	功能	返回值
isspace	int isspace(int ch);	检查 ch 是否空格、跳格符（制表符）或换行符	是，返回 1，否则返回 0
isupper	int isupper(int ch);	检查 ch 是否大写字母（A～Z）	是大写字母返回 1，否则返回 0
isxdigit	int isxdigit(int ch);	检查 ch 是否一个 16 进制数字（即 0～9，或 A 到 F，a～f）	是，返回 1，否则返回 0
tolower	int tolower(int ch);	将 ch 字符转换为小写字母	返回 ch 对应的小写字母
toupper	int toupper(int ch);	将 ch 字符转换为大写字母	返回 ch 对应的大写字母
isascii	int isascii(int ch)	测试参数是否是 ASCII 码 0-127	是返回非 0，否则返回 0

3. 字符串函数

使用字符串中函数时，应该在源文件中使用预编译命令：

#include <string.h>或#include "string.h"

附表 D-3　字符串函数

函数名	函数原型	功能	返回值
memchr	void memchr(void *buf, char ch, unsigned count);	在 buf 的前 count 个字符里搜索字符 ch 首次出现的位置	返回指向 buf 中 ch 的第一次出现的位置指针。若没有找到 ch，返回 NULL
memcmp	int memcmp(void *buf1, void *buf2, unsigned count);	按字典顺序比较由 buf1 和 buf2 指向的数组的前 count 个字符	buf1<buf2，为负数 buf1=buf2，返回 0 buf1>buf2，为正数
memcpy	void *memcpy(void *to, void *from, unsigned count);	将 from 指向的数组中的前 count 个字符拷贝到 to 指向的数组中。From 和 to 指向的数组不允许重叠	返回指向 to 的指针
memove	void *memove(void *to, void *from, unsigned count);	将 from 指向的数组中的前 count 个字符拷贝到 to 指向的数组中。From 和 to 指向的数组不允许重叠	返回指向 to 的指针
memset	void *memset(void *buf, char ch, unsigned count);	将字符 ch 拷贝到 buf 指向的数组前 count 个字符中。	返回 buf
strcat	char *strcat(char *str1, char *str2);	把字符 str2 接到 str1 后面，取消原来 str1 最后面的串结束符“\0”	返回 str1
strchr	char *strchr(char *str,int ch);	找出 str 指向的字符串中第一次出现字符 ch 的位置	返回指向该位置的指针，如找不到，则应返回 NULL
strcmp	int *strcmp(char *str1, char *str2);	比较字符串 str1 和 str2	若 str1<str2，为负数 若 str1=str2，返回 0 若 str1>str2，为正数

续附表

函数名	函数原型	功能	返回值
strcpy	char *strcpy(char *str1, char *str2);	把 str2 指向的字符串拷贝到 str1 中去	返回 str1
strlen	unsigned intstrlen(char *str);	统计字符串 str 中字符的个数（不包括终止符“\0”）	返回字符个数
strncat	char *strncat(char *str1, char *str2, unsigned count);	把字符串 str2 指向的字符串中最多 count 个字符连到串 str1 后面，并以 NULL 结尾	返回 str1
strncmp	int strncmp(char *str1,*str2, unsigned count);	比较字符串 str1 和 str2 中至多前 count 个字符	若 str1<str2，为负数 若 str1=str2，返回 0 若 str1>str2，为正数
strncpy	char *strncpy(char *str1,*str2, unsigned count);	把 str2 指向的字符串中最多前 count 个字符拷贝到串 str1 中去	返回 str1
strnset	void *setnset(char *buf, char ch, unsigned count);	将字符 ch 拷贝到 buf 指向的数组前 count 个字符中。	返回 buf
strset	void *setset(void *buf, char ch);	将 buf 所指向的字符串中的全部字符都变为字符 ch	返回 buf
strstr	char *strstr(char *str1, *str2);	寻找 str2 指向的字符串在 str1 指向的字符串中首次出现的位置	返回 str2 指向的字符串首次出向的地址。否则返回 NULL
strnicmp	intstrnicmp(char *str1, char *str2, unsigned maxlen);	将一个串中的一部分与另一个串比较，不管大小写	
strcspn	Int strcspn(char *str1, char *str2);	在串中查找第一个给定字符集内容的段	
strdup	char *strdup(char *str);	将串拷贝到新建的位置处	
strpbrk	char *strpbrk(char *str1, char *str2);	在串中查找给定字符集中的字符	
strrchr	char *strrchr(char *str, char c);	在串中查找指定字符的最后一个出现	
strrev	char *strrev(char *str);	串倒转	
Strtod（strtol）	double strtod(char *str, char **endptr);	将字符串转换为 double 型值，strtol 为长整型	
swab	void swab (char *from, char *to, int nbytes);	交换字节	

4. 输入/输出函数

在使用输入/输出函数时，应该在源文件中使用预编译命令：

#include <stdio.h>或#include "stdio.h"

附表 D-4 输入/输出函数

函数名	函数原型	功能	返回值
clearerr	void clearer(FILE *fp);	清除文件指针错误指示器	无
close	int close(int fp);	关闭文件（非 ANSI 标准）	关闭成功返回 0，不成功返回-1
creat	int creat(char *filename, int mode);	以 mode 所指定的方式建立文件（非 ANSI 标准）	成功返回正数，否则返回-1
eof	int eof(int fp);	判断 fp 所指的文件是否结束	文件结束返回 1，否则返回 0
fclose	int fclose(FILE *fp);	关闭 fp 所指的文件，释放文件缓冲区	关闭成功返回 0，不成功返回非 0
feof	int feof(FILE *fp);	检查文件是否结束	文件结束返回非 0，否则返回 0
ferror	int ferror(FILE *fp);	测试 fp 所指的文件是否有错误	无错返回 0，否则返回非 0
fflush	int fflush(FILE *fp);	将 fp 所指的文件的全部控制信息和数据存盘	存盘正确返回 0，否则返回非 0
fgets	char *fgets(char *buf, int n, FILE *fp);	从 fp 所指的文件读取一个长度为（n-1）的字符串，存入起始地址为 buf 的空间	返回地址 buf。若遇文件结束或出错则返回 EOF
fgetc	int fgetc(FILE *fp);	从 fp 所指的文件中取得下一个字符	返回所得到的字符。出错返回 EOF
fopen	FILE *fopen(char *filename, char *mode);	以 mode 指定的方式打开名为 filename 的文件	成功，则返回一个文件指针，否则返回 0
fprintf	int fprintf(FILE *fp, char *format,args,…);	把 args 的值以 format 指定的格式输出到 fp 所指的文件中	实际输出的字符数
fputc	int fputc(char ch, FILE *fp);	将字符 ch 输出到 fp 所指的文件中	成功则返回该字符，出错返回 EOF
fputs	int fputs(char str, FILE *fp);	将 str 指定的字符串输出到 fp 所指的文件中	成功则返回 0，出错返回 EOF
fread	int fread(char *pt, unsigned size, unsigned n, FILE *fp);	从 fp 所指定文件中读取长度为 size 的 n 个数据项，存到 pt 所指向的内存区	返回所读的数据项个数，若文件结束或出错返回 0
fscanf	int fscanf(FILE *fp, char *format,args,…);	从 fp 指定的文件中按给定的 format 格式将读入的数据送到 args 所指向的内存变量中（args 是指针）	以输入的数据个数
fseek	int fseek(FILE *fp, long offset, int base);	将 fp 指定的文件的位置指针移到 base 所指出的位置为基准、以 offset 为位移量的位置	返回当前位置，否则返回-1
ftell	long ftell(FILE *fp);	返回 fp 所指定的文件中的读写位置	返回文件中的读写位置，否则返回 0
fwrite	int fwrite(char *ptr, unsigned size, unsigned n, FILE *fp);	把 ptr 所指向的 n*size 个字节输出到 fp 所指向的文件中	写到 fp 文件中的数据项的个数
getc	int getc(FILE *fp);	从 fp 所指向的文件中的读出下一个字符	返回读出的字符，若文件出错或结束返回 EOF

续附表

函数名	函数原型	功能	返回值
getchar	int getchar();	从标准输入设备中读取下一个字符	返回字符，若文件出错或结束返回-1
gets	char *gets(char *str);	从标准输入设备中读取字符串存入 str 指向的数组	成功返回 str，否则返回 NULL
open	int open(char *filename, int mode);	以 mode 指定的方式打开已存在的名为 filename 的文件（非 ANSI 标准）	返回文件号（正数），如打开失败返回-1
printf	int printf(char *format, args,…);	在 format 指定的字符串的控制下，将输出列表 args 的指输出到标准设备	输出字符的个数。若出错返回负数
prtc	int prtc(int ch, FILE *fp);	把一个字符 ch 输出到 fp 所值的文件中	输出字符 ch，若出错返回 EOF
putchar	int putchar(char ch);	把字符 ch 输出到 fp 标准输出设备	返回换行符，若失败返回 EOF
puts	int puts(char *str);	把 str 指向的字符串输出到标准输出设备，将“\0”转换为回车行	返回换行符，若失败返回 EOF
putw	int putw(int w, FILE *fp);	将一个整数 i（即一个字）写到 fp 所指的文件中（非 ANSI 标准）	返回读出的字符，若文件出错或结束返回 EOF
read	int read(int fd, char *buf, unsigned count);	从文件号 fp 所指定文件中读 count 个字节到由 buf 知识的缓冲区（非 ANSI 标准）	返回真正读出的字节个数，如文件结束返回 0，出错返回-1
remove	int remove(char *fname);	删除以 fname 为文件名的文件	成功返回 0，出错返回-1
rename	int remove(char *oname, char *nname);	把 oname 所指的文件名改为由 nname 所指的文件名	成功返回 0，出错返回-1
rewind	void rewind(FILE *fp);	将 fp 指定的文件指针置于文件头，并清除文件结束标志和错误标志	无
scanf	int scanf(char *format,args,…);	从标准输入设备按 format 指示的格式字符串规定的格式，输入数据给 args 所指示的单元。args 为指针	读入并赋给 args 数据个数。如文件结束返回 EOF，若出错返回 0
write	int write(int fd, char *buf, unsigned count);	从 buf 指示的缓冲区输出 count 个字符到 fd 所指的文件中（非 ANSI 标准）	返回实际写入的字节数，如出错返回-1

5. 动态存储分配函数

在使用动态存储分配函数时，应该在源文件中使用预编译命令：

#include <stdlib.h>或#include "stdlib.h"

附表 D-5　动态存储分配函数

函数名	函数原型	功能	返回值
callloc	void *calloc(unsignedn, unsigned size);	分配 n 个数据项的内存连续空间，每个数据项的大小为 size	分配内存单元的起始地址。如不成功，返回 0
free	void free(void *p);	释放 p 所指内存区	无
malloc	void *malloc(unsigned size);	分配 size 字节的内存区	所分配的内存区地址，如内存不够，返回 0
realloc	void *realloc(void *p, unsigned size);	将 p 所指的以分配的内存区的大小改为 size。size 可以比原来分配的空间大或小	返回指向该内存区的指针。若重新分配失败，返回 NULL

6. 其他函数

有些函数由于不便归入某一类，所以单独列出。使用这些函数时，应该在源文件中使用预编译命令：

#include <stdlib.h>或#include "stdlib.h"

附表 D-6　其他函数

函数名	函数原型	功能	返回值
abs	int abs(int num);	计算整数 num 的绝对值	返回计算结果
atof	double atof(char *str);	将 str 指向的字符串转换为一个 double 型的值	返回双精度计算结果
atoi	int atoi(char *str);	将 str 指向的字符串转换为一个 int 型的值	返回转换结果
atol	long atol(char *str);	将 str 指向的字符串转换为一个 long 型的值	返回转换结果
exit	void exit(int status);	中止程序运行。将 status 的值返回调用的过程	无
itoa	char *itoa(int n, char *str, int radix);	将整数 n 的值按照 radix 进制转换为等价的字符串，并将结果存入 str 指向的字符串中	返回一个指向 str 的指针
labs	long labs(long num);	计算 long 型整数 num 的绝对值	返回计算结果
ltoa	char *ltoa(long n, char *str, int radix);	将长整数 n 的值按照 radix 进制转换为等价的字符串，并将结果存入 str 指向的字符串	返回一个指向 str 的指针
rand	int rand(void);	产生 0 到 32767 间的随机整数（0 到 0x7fff 之间）	返回一个伪随机（整）数
random	int random(int num);	产生 0 到 num 之间的随机数。	返回一个随机（整）数
randomize	void randomize();	初始化随机函数，使用时包括头文件 time.h。	
putenv	int putenv(const char *name)	将字符串 name 增加到 DOS 环境变量中	0:操作成功，-1:操作失败
ecvt	char *ecvt(double value,int ndigit, int *dec, int *sign)	将浮点数转换为字符串 value-待转换底浮点数，ndigit-转换后的字符串长度	转换后的字符串指针

参考文献

[1] 衡军山，马晓晨. C 语言程序设计[M]. 北京：高等教育出版社，2018.
[2] 李刚，徐义晗. C 语言程序设计[M]. 2 版. 北京：人民邮电出版社，2019.
[3] 王正万，刘日晖，盛魁. C 语言程序设计案例教程[M]. 北京：人民邮电出版社，2018.
[4] 张基温. C 语言程序设计教程[M]. 3 版. 高等教育出版社，2016.